JN271302

絵とき
熱処理の実務

作業の勘どころとトラブル対策

坂本 卓 [著]
Sakamoto Takashi

日刊工業新聞社

はじめに

　熱処理の理論や技術は充分に理解していても、実際の生産工場でどのように運営していくかは難しいことです。管理する側の監督者は作業者に対して、熱処理の仕組みと作業を教育して実際に活かさなければなりませんが、作業者は同様に熱処理の何かを把握して作業にのぞみ、理屈に沿う手順を踏んで初めて仕事を完遂できるものです。

　多くの工業技術が素材を物理的あるいは化学的に形を変えて、最終的な製品に生み還すシステムであるのに対して、熱処理は形が変貌することはなく、内部の質的変化を良好なるようにすること、つまり見えない技術であると言えます。すなわち熱処理は鋼（本書は鉄鋼を基準に解説）を加熱し冷却して内部の状態を変えることですから、外面の形状的な変化はありません。

　そのため熱処理はどのように熱をかけたか、どのように冷却したか、それぞれの作業が結果に重大な影響を与えることになります。熱処理後の鋼内部は外部から観察できませんから、結果の良否は判断できません。それでは、一連の工程の品質上の合否はどういう手法を用いるのでしょうか。

　熱処理は炉などの装置を使用して遂行しますが、種々の機器や装備を使用して基準通りに作業したとき、検査上の合格と判断します。熱処理の合否はプロセスとその作業の良否であるわけです。一方で、現場的には唯一簡便なチェック方法があります。それは硬さを計測し判別することです。しかし、この方法は絶対的に正しいとは言えません。ベテランであれば故意な操作により目的の硬さを得ることができるからです。

　そうなると熱処理の品質を確実にするためには、どうすればよいかということになります。昨今の熱処理は大型装置や炉などを使用した自動化が進んでいます。熱処理は装置産業です。このようなシステムでは最初の計画が重要で、諸般の問題がない限り正しい結果を得ることができます。しかし、たとえば熱処理を専業とする職場などでは、扱う製品は多種少量のものになります。そのような製品に対してはどうなるでしょうか。監督者は1品ごと、適正な作業要領を検討して作業者に指示しなければなりません。そのような環境で恐れることは監督者の指示が正しかったとしても、その通りに作業が進んだかどうかが重要になります。

熱処理が最終の検査工程で、硬さ測定によってすべての品質の良否を判断できるわけではなく、一連の手順の良否に左右されることになりますから、硬さの結果はあくまで付録であり、むしろ処理の一つひとつの過程が品質の基本になります。このように考えると熱処理は個々の工程、作業の信頼性により確立されると言ってもよいでしょう。

　本書は熱処理を進めるに当たって作業だけでなく管理監督の側からメスを入れ、熱処理工場の陥りやすい経験的な事例を解説しました。工場に従事し熱処理を担当する方々に対して少しでも役に立つことができれば幸いです。

2007年9月

坂本　卓

絵とき 熱処理の実務 —作業と設計の勘どころ—

目　次

はじめに ·· i

第1章　鉄鋼材料と熱処理の考え方
1.1　陽が当たらぬ熱処理工場 ·· 2
1.2　温度目測の必要性 ·· 5
1.3　変態とその観察 ·· 8
1.4　作業の身なり ·· 12
1.5　鋼種と仕様 ·· 15
1.6　鋼中のCの特性 ·· 18
1.7　機械構造用鋼の熱処理の考え方 ·································· 21
1.8　合金鋼の使用は熟考して ·· 24
1.9　重要な焼入性 ·· 28
1.10　鋼材の仕様と在庫 ··· 32
1.11　鋼種の在庫と火花判別 ··· 35
1.12　炉の種類と特徴 ··· 38

第2章　焼なまし・焼ならし
2.1　焼なましアラカルト ·· 44
2.2　特殊な焼なまし ·· 47
2.3　焼ならしの重要性 ·· 51
2.4　焼ならし作業 ·· 55

第3章　焼入れ・焼戻し
3.1　焼入れの原理と実際 ·· 60
3.2　焼入れの種類① ·· 64

3.3 焼入れの種類② ……………………………………… 67
3.4 焼入れの種類③ ……………………………………… 71
3.5 焼入れ用冷却剤 ……………………………………… 74
3.6 水油焼入れ …………………………………………… 77
3.7 焼戻しの理論 ………………………………………… 80
3.8 焼戻しの実際 ………………………………………… 83
3.9 不完全焼入れ ………………………………………… 86
3.10 材料試験の方法 ……………………………………… 89
3.11 硬さ試験の方法 ……………………………………… 93
3.12 変形と変寸 …………………………………………… 96

第4章　浸炭焼入れ

4.1 固形浸炭の見学 ……………………………………… 102
4.2 液体浸炭とガス浸炭 ………………………………… 105
4.3 変成ガスと浸炭炉 …………………………………… 108
4.4 ピット型滴注式浸炭炉 ……………………………… 111
4.5 浸炭焼入れの作業 …………………………………… 114
4.6 浸炭後の焼入法 ……………………………………… 118
4.7 熱処理工場と溶接機 ………………………………… 123

第5章　火炎焼入れと高周波焼入れ

5.1 火炎焼入れの原理 …………………………………… 128
5.2 高周波焼入れの原理 ………………………………… 130
5.3 高周波焼入れの特性 ………………………………… 135
5.4 高周波焼入れの事例と新技術 ……………………… 138
5.5 窒化による表面硬化 ………………………………… 142

第6章　熱処理の事例

6.1　連続炉のスピード …………………………………… 148
6.2　鋳造品のバラツキ …………………………………… 149
6.3　焼結品の熱処理 ……………………………………… 151
6.4　形状と焼割れ感受性 ………………………………… 153
6.5　混合機の羽根の材質と焼入れ ……………………… 154
6.6　金型の簡単焼入れ …………………………………… 156
6.7　大型品の水靱処理 …………………………………… 158
6.8　SNCM 26 ……………………………………………… 160
6.9　お灸で曲がり直し …………………………………… 161
6.10　異材の混入 …………………………………………… 163

補足

補.1　実験炉の作り方 …………………………………… 168
補.2　金属顕微鏡の観察方法 …………………………… 169
補.3　金属破断面の見方 ………………………………… 173
補.4　ショットブラスト ………………………………… 174
補.5　熱処理の賃単価と合理化 ………………………… 176

索引 …………………………………………………………… 178
あとがき ……………………………………………………… 180

第1章

鉄鋼材料と熱処理の考え方

1.1 ● 陽が当たらぬ熱処理工場

　熱処理工場は、照明の暗いところが多かったようです。熱処理が製品の形状的な寸法変化がなく、忍術使いのような操作で鋼の内部を変えてしまうように、外部から直截に理解できないイメージがあることも重なって、熱処理は陽の当たらぬ暗さが倍加するのでしょう。

　熱処理工場はその工程が極めて重要であるとわかっていながら、職場によっては日陰者扱いされることもあるようです。たとえば主に機械屋、電気屋さんなどの外部者は、熱処理をなかなか理解しにくいようで、関係した問題が生じたときなどは、何かはぐらかされたような感覚に陥るようです。

　しかし熱処理は正に論理的です。その理論は金属物理の分野から非もなく説明することができます。熱処理の外部者はあまりの論理性についていけないのでしょう。また、冷静に説明する熱処理屋を見て、陰気じみているように感じるようです。

　熱処理工場が暗い職場であるという背景は、照明が少ないというほかに、以上のような環境が存在するようです。

　一方で昨今の熱処理工場は必ずしも暗くはなく、自動化や省力化が進んで人が見当たらない明るい職場です。このような職場では熱処理が装置産業といわれるように、大量処理するためには予備試験を繰り返して熱処理条件を確立したら、装置が自動的に計画通りに進めていくことになります。作業者は熱処理を勉強した熟練者である必要はありませんし、装置を操作できれば事足りる未経験者であってもいいわけです。それでは熱処理工場が他の機械工場などに比較して、その始まりから暗い職場、少ない照明にした理由は何でしょうか。その理由はあります。

　熱処理は基本的な作業として加熱と冷却の操作を行うことです。それを正しくする基準は温度です。すなわち温度を計測することが熱処理の最重要な要素の1つになります。

　初期の熱処理では現代のような計測技術は発展していませんでしたから、温度は目測が基本でした。現代の刀鍛冶の名工が焼入れするときは、暗い刀鍛冶場で周囲がまだ暗い払暁のある時間帯に目を慣らして加熱した火色を読み（見るので

はない)、心したその温度を待って素早く操作を下すと言います。

　熱処理技術の揺籃期にも同じことを行っていたわけで、作業者は加熱した鋼の色を目で感じ、体で覚えて温度を計測する技量が必要でした。そのとき目測できる条件は周囲が一定の環境でなければ齟齬が生じます。このため熱処理工場は直接照明をやめて間接照明に切り替え、わざわざ外部から直射日光が入らない建家構造にしたのです。

　試しに直接と間接照明、日陰と日向での火色を見ると誰でもその差異が明確に判断できるはずです。スーツを購入するときなど蛍光灯下と電灯下では色の感じが異なる経験があるでしょう。同様なことです。

　現代の熱処理は温度計測機器や技術が高度化しているため、そのような職場の環境は必要ないといえるでしょう。確かにそうとも言えます。しかし、温度計測を機器だけに任せておいていいのでしょうか。高炉で銑鉄を出銑する前には機器で計測をした後、最終的に名工が目測する手順を今でも踏むと聞いています。

　熱処理は「はじめに」でも説明したように管理が重要です。温度計測をすべて機器測定に任せてしまったらどうなるでしょうか。完全に自動化が進んで装入から取り出しの間、すべての工程が装置内部で処理されている場合は温度を計測する機会はありません。その場合は未熟練者でも可能です。しかし、炉内で加熱する間、炉から取り出して次工程の操作を行う際などでは否が応でも温度を読むことになります。機器計測による温度が正しいか、目測と相違がないかを比較することは作業者のみならず管理者の立場からも必要です。

　目視による計測を行う際にはどうしても職場環境が外部の明るさや、建家内部でも照明の条件によって左右されてはなりません。そうはいっても、熱処理工場は暗ければよいということではありません。ある明るさを確保しながら、周囲条件の左右されない一定の普遍的な環境を設定すればいいのです。そうすれば目が馴染み、工場の明るさが測定するときの基準になります。

　熱処理工場の暗さを論じるとき、暗さが必要条件であるというわけではありませんが、処理上やむを得ない要因もあります。熱処理工場は土間が多いようです。製品を加熱したあと炉から取り出して冷却するときに土間に置いて放冷するためです。基礎がコンクリートであれば加熱冷却の繰り返しで基礎面に割れが生じやすくなります。また製品を冷却油で冷却すると、引き上げたときに冷却油が土間に滴るため、自然に土間が使いやすくなるからです。土間は焼入油の滴やスケー

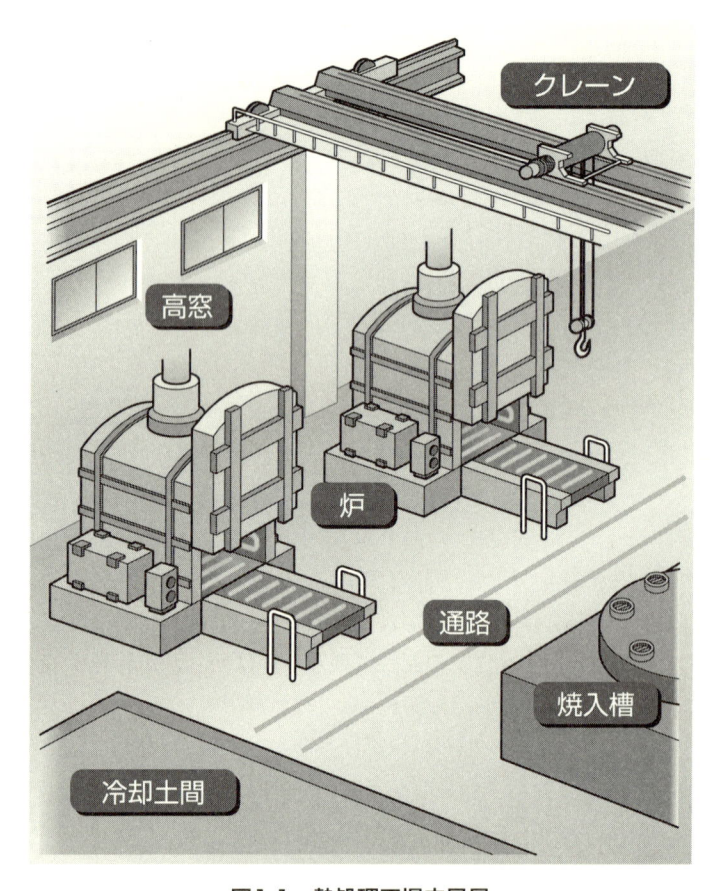

図1.1　熱処理工場内風景

ルの落下が重なり、永年に渡り色が黒く変色し黒光りしていますから、この点からも工場内が暗く感じられるようです。
　工場内の照度を考えると外部からの入射光を少なくするために天窓を制限し、安全通路や搬送通路用の扉も考えなければなりません（**図1.1**）。
　熱処理工場は管理上暗さが必須かどうかを考えてみると、同一品を大量生産で処理を行う工場では必要はないでしょう。製品は最初の装置に装入するとき確認するだけで、連続炉中の間は計測する必要はないし、できません。取り出し時はすでに処理は終了されているからです。しかし、多品種少量の熱処理、熱処理の賃加工を生業とする工場では、まんべんなく種々の製品に対して対応できる条件

が必要です。その場合は、やはり一定の間接的な照度が適合するでしょうし、そうなれば、どうしても工場をある一定条件の暗さに設定しなければならなくなります。

このような種々の必要性があって熱処理工場の暗さが論じられることになりますが、物理的な暗さだけを普遍の絶対的なものとするのではなく、むしろ熱処理の何たるかを他部門に働きかけて啓蒙し、理解を深めてもらうことが熱処理工場の明るさを得ることに繋がると思われます。

1.2 ● 温度目測の必要性

温度を計測するとき、計器（温度指示計）を使用しないで目測ができ、その値がまさに指示計と同じく間違いがなければ、その技能はすばらしいでしょう。ただし目測が正確であれば機器の使用が必要なくなるというわけではありません。工場の管理者のみならず作業者全員がほとんど正確に温度計測ができるようにはならないし、できたとしても作業の記録に残らないばかりか、管理するうえでは無理になるからです。

それでも温度を正確に目測できるようにすることは意味があり、日常の作業を管理する際に効果的です。

作業者は温度計を過信しないで、鋼の火色を観測して温度指示値と比較することができ、比較した値が目測と同じであるか自問自答して自己計測値の差異を埋めることができます。目測した値が正しいと判断したら温度指示計の誤差が故障なのか、あるいは補正値（0点など）の間違いか疑問を持って修正することができます。熱処理における温度計には、多くの場合は熱電対（アルメル－クロメル、白金－白金ロジウムなど）を使用しますから、熱電対自体に起因する誤差の原因が生じます。それは熱電対使用の初期は補正が確実に行われていないことが原因にあげられますし、使用中では早期の劣化、寿命によるブレイクダウンも発生します。

熱電対を交換したら補正を行いますが、その値は熱電対の検査書に記載してあり、その値を指示計にインプットしなければなりません。熱電対の劣化や寿命はある時期に突然起こることがあります。その状況は指示値が真値と経時的に少し

ずつ誤差を生じていく場合もありますし、明らかに誰でも差異と感じる値を急激に示すことも少なくありません。このような現象が出たとき、とくに前者の場合はよく注意しておかないと見落とすことが少なくありません。すなわち日常的に自己計測を行って実際の温度を把握する習慣を持っていないと失敗してしまいます。後者の現象は温度計測に慣れていない作業者でも容易に変調がわかりますからまず大丈夫です。

いずれにしても正しい温度を温度指示計と比較して把握しながら作業することができたら、熱処理作業を間違いなく進めることができます。

加熱した鋼の温度はその製品の全体が誤差なく一定の温度ではありません。これは加熱した製品の部分に応じて、多かれ少なかれ温度にバラツキがあるからです。温度分布がよいことは、温度にバラツキがなく加熱されたことになりますから、極めて良好です。しかし一般には加熱する製品の形状、炉の大きさ（容量）と製品の相対的な体積、炉の加熱源の種類、炉の構造などのさまざまな要因による結果として、製品の部位に温度の差異が生じてしまいます。これは温度分布が悪いということになります。炉は設備上これを変えることはできませんから、炉中に入れる製品の数や姿勢などの段取りの巧拙（こうせつ）によって、温度分布が均一になるように試行錯誤しなければなりません。温度分布上の差異を少なくする方法は現場的によりうまく工夫できます。たとえば製品を遮蔽する鋼板（あて板）を同時に装入して直接加熱を防止したり、炉内の位置による製品密度を平均化するなども考慮して、装入量を加減する工夫も効果的です。

温度の目測が正確にできる管理者は職場管理において極めて有効です。温度の目測は作業者任せでよいというわけではありません。率先垂範者が1番の目利きであることが要求されます。

日常の作業では管理監督者が熱処理の作業手順や注意事項など種々の指示を行うでしょうが、指示通りに進んでいるかを見届ける役目が管理者にあります。指示するだけでプロセスを確認しなければ、「言うはやすく行うは難し」の繰り返しに陥ってしまいますし、管理者としてのチェックと再アクションができません。

管理者は温度目測ができる優秀な能力を有していれば、作業者は手を抜くことはできません。管理者は温度に関して気づいたことを作業者に注意すべきで、そうした行いが日常のメリハリのある管理ができることになります。

それでは温度の目測はどう体得すればいいでしょうか。私の少ない経験から説

明しますと、学業を終えて最初にすぐ配属された熱処理工場では当初どの火色が何度であるかさっぱり判別できませんでした。そんな状況では監督業務ができるはずはないと悟りました。そこで温度を目測する練習を朝夕に何十、何百回と行ったのです。

　方法は径が25mm程度のNi（ニッケル）ボール内中心に熱電対を挿入して固定し、熱電対の端は温度指示計に連結して計測するやり方です。Niを選択した理由は酸化が少ないことですし、Niボールは径の違いがあるとはいえ冷却油の性能を評価するときに使用する役目がありました。このボールを炉中で加熱し、取り出したときの火色を目測して温度を推定するのです。温度は正確には指示計で示されていますから、私の目測値がどれだけ差異があるかすぐ比較できます。練習の当初は真値と目測値に100℃の差異が出ることが普通でした。しかし、回を重ねるにつれて誤差は少なくなり、3カ月経った時点ではすでに何百回の練習を行ったでしょうか、その誤差は驚くことに10℃も違わなくなってきたのです。こうして温度の目測に自信を持つことができるようになりました。ベテランの作業者と競争しても何らの引けもなくなりました（**図1.2**）。

　目測をするときは精神を集中する必要がありますし、周囲の環境、雰囲気に左右されがちです。雨が降っているときの目測値はいつもと異なりますし、自分自身の状態でも違います。たとえば朝と昼食後の時間帯、夕方の時間でも何かしら目測値が違うことを感じました。しかし誤差数度以内という温度をいつも確保す

図1.2　温度の目測

ることは難しいにしても、少なくとも10℃以内の誤差に収めることは普通にできるようになりました。

あるとき、機械工場内の特殊な切削工具を製作するために高速度鋼の焼入れを行うことになりました。小部品でしたから火炎で加熱できますが、焼入温度は超高温の1,300℃です。温度指示計はセンサーに熱電対が白金―白金ロジウムを使用しました。1,300℃という高温は簡単に経験できるものではないので、同時に目測をしてみました。鋼を見ていると、火色は黄色から白色になり、汗が滴のように出て溶けると感じたときの温度がその値でした。これも貴重な経験です。

1.3 ● 変態とその観察

熱処理では「変態」という言葉がしばしば出てきます。現場でもよく使われています。しかし、変態と聞いただけで熱処理や材料のことを、凍りづけになったように拒否してしまう方もおられるでしょう。

そこで変態をわかりやすく説明しましょう。変態とは態が変わることです。態とは態度すなわち態様のことで、それが変わることになります。ある時やある状況により態様が変わります。この周囲の環境変化の位置が変態点です。そこで金属材料、とくに鉄を例にして変態を掘り下げてみましょう。鉄も態様が変わるのかということになります。変わるのです。

鉄は（ほかにも同様な金属、錫などがあるが省略）変態します。変態といっても、鉄は酒を飲みませんし、暗くなっても、女性と2人きりになっても変わりません。温度変化に応じて変態します。どんな変態かというと、鉄の内部の組織が変わるのです。ある温度で変態しますから、その温度が変態点です。

鉄は常温では内部の組織がフェライトという中身で詰まっています。この組織は軟らかく柔軟です。強さはそうでもないですが、のびのびしています。だからジュースの缶に使用されたり、珍しいところでは切手に使用されたりしたこともあります。

まず、鉄は910℃になると変態します。変態して今までと違う組織になるのです。この910℃が変態点です。910℃で全部オーステナイトという組織に急変します。変態前と比較すると、やや靭り強く、やや硬くなり、強さも増します。しか

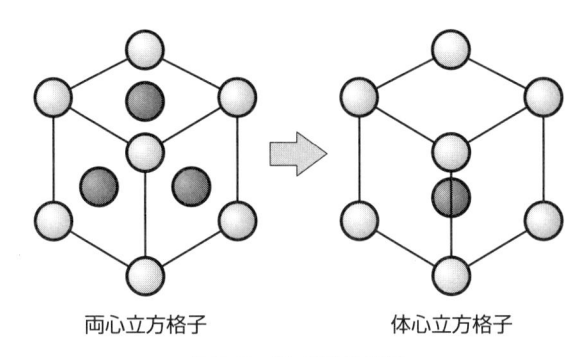

第1章　鉄鋼材料と熱処理の考え方

両心立方格子　　　　体心立方格子

図1.3　鉄の結晶格子

し、この中身を常温で確認することはできません。なぜかと言えば、それは温度が910℃以上になって初めて見える組織だからです。

常温のフェライト組織と910℃以上のオーステナイト組織は鉄の原子の並び方が変わってしまうので、そのような組織に変化してしまうのです。その組織の示す結晶格子は、前者が体心立方格子、後者が面心立方格子と言います（**図1.3**）。

なぜ910℃で変態するのか、なぜ結晶格子が変化するのかは、理論的に説明できていません。自然現象だと信じてください。ちなみに鉄はさらに温度を上げていくと、今度は1,400℃でまた変態し体心立方格子になります。

鉄の変態温度は910℃あるいは1,400℃と言いましたが、この鉄は純鉄です。鉄は鋼のときC（炭素）を含有しているので、純鉄ではなくなり、Cの量に影響して変態点が変わってきます。たとえばC量が0.5％の鋼であればオーステナイトに変態する温度は800℃前後に低下します。

そこで縦軸に温度、横軸にC量（鉄に固溶する量）を取った図を描くと変態点や組織が明らかになるのです。これを完成した図が状態図（ここではFe–Fe_3C状態図、**図1.4**）です。

鉄が変態することはいろいろな意味であとあと好都合なことが起こります。

鉄が変態するとき、高温の組織は観察できませんが（最近は高温金属顕微鏡によって観察することができるようになっている）、ほかの現象で間接的に変態を確認することができます。

1つの方法は熱膨張を観測する方法です。鉄は温度が変化すると膨張と収縮をします。温度が上がれば膨張です。この経過を温度とともに計測していきます。

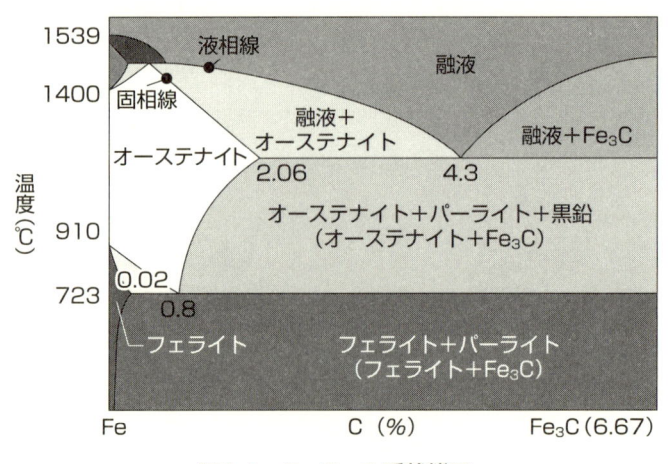

図1.4　Fe-Fe₃C系状態図

温度とともに長さが膨張する様子は比例的な直線になります。この加熱の状態を続けていくと910℃で突然長さが変化し、急激にガクンと収縮が生じます。本来は長さが膨張するはずですが、この温度で一端収縮したら温度のさらなる上昇とともに収縮した長さがまた膨張し始めます。しかし今度は最初の比例する直線の勾配とやや異なります（**図1.5**）。

この現象がなぜ生じるかというと、結晶構造が突然変化することに起因すると言えます。すなわち、体心立方格子に比較して面心立方格子の基準の長さが短いということです。

このまま温度を上昇させていくと、1,400℃でまた体心立方格子に変態し、今度はその温度で基準の長さが急膨張します。その後は温度とともに最初の体心立方格子が膨張した直線の比例勾配に沿って膨張していくのです。

このように温度変化による長さの膨張と収縮を観察することにより変態を間接的に確認することができます。

このほかに直接変態を確認することができないかを種々検討しました。先に上げた高温の金属顕微鏡観察によれば可能ですが、高価な設備なためそう簡単に導入できるわけではありません。私達が種々の試験の結果、直接に観測できた事例を紹介します。

その方法は厚さ1mm程度の鉄の薄板を使用します。これを炉で加熱し910℃を超える温度になった後にすばやく炉外に引き出し、照明が暗い場所で火色を読

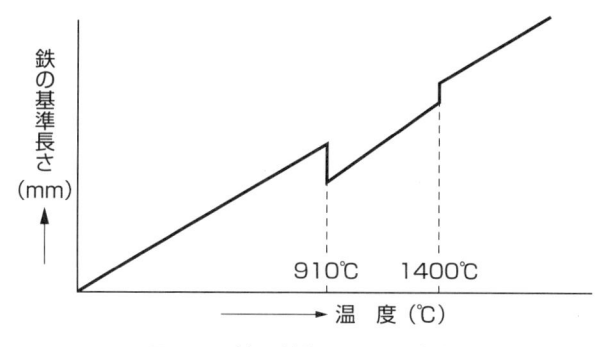

図1.5　鉄の熱膨張による変化

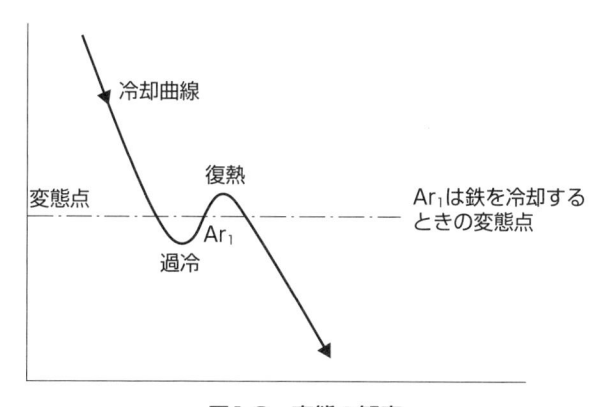

図1.6　変態の観察

みます。最初はオーステナイト組織である赤い状態を目測できますが、次第に赤みが薄れて温度が降下する様子がわかります。熟練者は何度であるか目測できます。さらに温度が低下して赤みにやや暗さが生じ始めたと感じた瞬間にさっと赤みが復活するのです。ほんの一瞬です。よく観察しないとその瞬間がわかりませんが、確かに赤みが戻って、その後は暗さが増していきます。赤みが一瞬復活したそのときが変態です（**図1.6**）。面白い現象ですし、直接観察ができますから、是非トライしてみてください。

1.4 ● 作業の身なり

　熱処理作業はほかの機械作業や組立作業などに比較して厳しい肉体労働を含みます。加熱と冷却の作業によりますから危険な場面も生じます。

①ヘルメット

　作業に応じる身なりは軽々しく考えてはいけません。現場作業では一般にヘルメットを着用します。熱処理工場でも同じです。ヘルメットは種々の種類がありますが、頭が設備にぶつかったり、物が落ちてきたりしたときの防護の役割をします。ヘルメットは被ると頭が重くなり、慣れないと頭がすっきりしません。最近のヘルメットは軽量化が進み、しかも強度が高くなっていますから被りやすくはなっていますが、それでも不快感が生じます。夏はヘルメットを被ると頭に汗をかき、熱が内部にこもるので頭部の温度が高くなります。そのためヘルメットの最上部に空気の出入りを促す穴を明けるなどの工夫をする作業者もいますが、

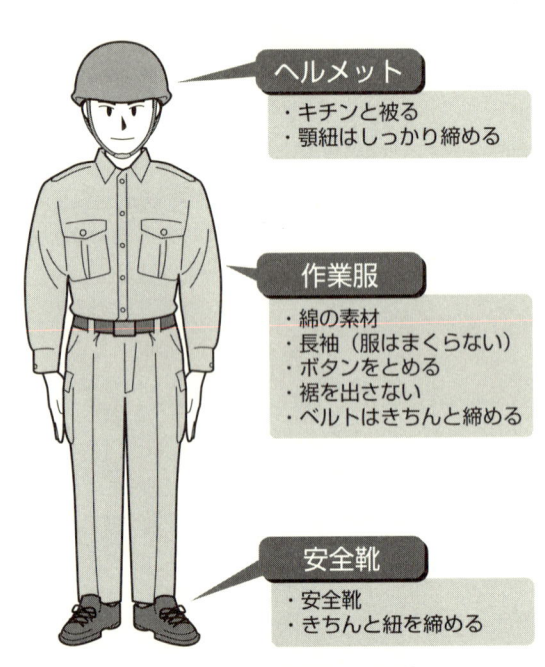

ヘルメット
・キチンと被る
・顎紐はしっかり締める

作業服
・綿の素材
・長袖（服はまくらない）
・ボタンをとめる
・裾を出さない
・ベルトはきちんと締める

安全靴
・安全靴
・きちんと紐を締める

図1.7　熱処理作業での服装

強度が落ちるので褒めた行為ではありません（**図1.7**）。

　ヘルメットの着用状況を見ますと顎紐を締めないで、ただヘルメットを頭の上に置いているだけの作業者もいます。これは違法です。ぶつかってもヘルメットが頭から外れてはいけないので、強固に紐を締めなければなりません。管理監督者は作業者が安全に作業しているかどうかをいつも確認し、不安全な行為があれば注意することが作業者本人のためにもなります。ヘルメットを常用すると髪の毛が抜けやすいという話を聞きます。それが正しいか知る由はありませんが、休憩の合間に汗を拭き、いつも頭を洗っておくことが効果的でしょう。

②作業服

　熱処理工場は暑く、とくに夏は厳しい作業環境になります。工場内は光線の遮断や風の通りが少ないため加熱した製品によって温度が上がりやすいためです。そのため作業者は涼しさを求めます。

　熱処理作業に適した作業服の材質は綿が適しています。ナイロン、ポリプロピレン、ベンベルグなどの化成品は熱に弱く、劣化しやすいためです。また高温によって焼けやすく、溶ける場合もありますから、肌を傷めてしまいます。布地が溶けたら肌に火傷を生じます。この場合、綿の繊維は吸湿性がありますし、焼けても肌に張りつくことはないので安全です。鍛造工場、鋳造工場、溶接工場など火を扱う職場には綿の作業服の着用を薦めます。

　次に作業服の形は重要です。上着は長袖が必須です。夏の暑さから逃れるためには半袖を希望するでしょうが、これは不安全です。腕は常に熱にさらされていますし、加熱した製品が腕に当たることもあるでしょう。作業中は気がつきませんが、腕はかなり熱くなっているはずです。火花が飛んできても長袖であれば防止できます。作業者はせっかくの長袖の長所を失わないように、腕をまくるなどの行為を止め、正しい着用を心がけるべきです。

　また、長袖の作業着は何もしないときでも夏は暑くなりやすいのですが、ただ綿の場合は汗を吸う長所があります。しかし、ボタンを外して胸を露わにしたり、裾をベルトから出した身なりは見ていても感じが悪いものです。

　ときどき首回りにタオルを巻く作業者もいました。作業中に輻射熱にさらされた首が熱いためでしょうが、日用品のようなタオルではなく、一定の対策ができるタオル状の対策品を開発すべきでしょう。

　特別に耐熱作業服を着用する場合があります。加熱した大型品を炉外に取り出

す焼ならしや、焼入れ作業などのときです。耐熱材で構成した耐熱服ですが、これも正しい着用と保存に留意しなければなりません。

　熱処理工場では製品や治具など、そこに存在する物に対して直接手で触れたり、掴むという行為を慎む習慣を持つべきです。そこに存在する物は色の変化はありませんが必ず加熱されているという認識を持つべきです。触れる、あるいは掴む場合は、その物体に手の平をしばらくかざしてみて熱の放射がないかを確認した後にしましょう。

　熱処理工場は高温に加熱した製品、治具などを扱いますから、手袋を着用します。手袋は軍手など指ごとに別れた形式ではなく、多くは野球用のキャッチャーグローブ（ミット）の形を採用することが多いようです。内部に綿をとじ込んで縫製し、容易に手を出し入れできるようにだぶだぶの寸法になっています。これは手に異常を感じたときにすぐ抜けるようにするためです。かなりの高温品を掴む場合はこの手袋を水に浸して吸水状態にして使用することもあります。

　ズボンは当然長ズボンです。長袖の上着と同じように足首まで防護できる長さが必要ですし、捲り上げて長さを短くして涼しさを得るなどはもってのほかです。

　ズボンのベルトはきちんとしっかり締めておくことも当然です。ベルトにタオルを挟み込んでいる様子も見ますが、他の機器に巻き込まれないように長さを短くする配慮も必要です。

③**安全靴**

　熱処理工場では足のケガが発生しやすくなります。落下した物が足に落ちて足指や足首を骨折する例を多く経験しました。通常は安全靴を常用するはずです。しかし安全靴はオールマイティではありません。安全靴は内部の指の先端部に薄い鉄板が組み込まれていますから、かなりの圧力に対して防御できます。しかし、歩行では指の根元部分を曲げなければなりませんから、鉄板のカバー範囲に限界があります。物が落下してケガをする場合は、この範囲外のエリアに当たることで起こるからです。過信は禁物で、安全靴の形状や構成にも限界があります。

　こうなると物を落下させないような作業上の注意が必要です。ただ残念ながらケガが生じたときの行為を精査すると、物の落下が予想される場合に、その下部に足を置くという不安全な行為が重なることが意外に多いことです。

　休業あるいは不休業災害では眼に異物が入る例があります。グラインダー作業時の防塵眼鏡使用を確実にしなければなりません。

1.5 ● 鋼種と仕様

　一般に鉄をC（炭素）成分の組成で分類すると、純鉄（0.02％以下）、鋼（0.02を超え～2.06％以下）、鋳鉄（2.06を超え～6.67％以下）になります。（）内はC量による区分です。Cが6.67％を超えるときは材質が脆化してしまい材料として使用できる状態になりません（表1.1）。

　上記の区分の中で熱処理を行う鉄は主に鋼（一部鋳鉄）になります。純鉄はCが極めて少ないので機械的性質のうち引張強さが小さくなり、軟らかくのびや絞りが大きくなります。純鉄を熱処理して機械的性質を変えることは効果が少なく、一般には行いません。

　鋳鉄は内部の組織を改善するためやその種類により熱処理します。前者は鋳造の冷却時に生じた内部応力を解放する目的や軟化があります。後者は鋳鉄の特性を活かしてさらに機械的性質を改良するために行います。その方法には特殊な熱処理があります。

　熱処理が施工される対象の主な材質は鋼です。その前に鋼とは何かを理解しておかなければなりません。

　鉄は高炉でコークスを燃焼して鉄鉱石を還元し溶湯として出銑します。これは銑鉄と言い、いまだ不純物が多く残った鉄です。不純物は数種のガスを内包していますし、成分上は不要なSi（シリコン）、Mn（マンガン）、P（リン）、S（硫黄）、Cu（銅）、など多種類の成分が多かれ少なかれ混入しています。Cもまだ多く残留していますから、用途に適するように組成を調整しなければなりません。

表1.1　鉄の分類

区　分	分　類
C量による分類	・純鉄 ・鋼 ・鋳鉄
脱酸による分類	・リムド鋼 ・キルド鋼
用途による分類	・一般構造用圧延鋼 ・一般機械構造用鋼

とくにCは鉄の性質に大きく影響しますので、細かく区分して実用に供しなければなりません。熱処理の効果はC量の差異で千差万別になるからです。

そこで銑鉄は精錬工程として製鋼というプロセスを経ることになります。製鋼は転炉、電気炉、平炉という種類のどれかの炉を使用して不純物を除去しC量を調整する工程で、できあがった鉄が鋼です。すなわちC量は0.02〜2.06％に調整しています。

こうしてできた鉄が鋼ですが、それでも製鋼時に除去できなかった不純物があります。それはガスです。製鋼時にCを調整するために酸素で燃焼しますが、その残りが存在しています。この酸素を除去するためには製鋼直後の溶湯段階で酸素と親和性がある（化合しやすく燃焼する）SiとMnの合金（フェロアロイ）、さらに強力に除去するにはAl（アルミニウム）粉末を添加して酸素を除去します。この工程が脱酸です。こうしてできあがった鋼は不純物が極限まで減少した優秀な材質です。この種類をキルド鋼といい、酸素を含有したままの未脱酸の鋼がリムド鋼です。

製鋼後はインゴットケースという鋳型に鋳湯したあと、冷却した鋼塊を分塊、鍛造、圧延などの工程を経て各種の用途別の形状に塑性変形して製造します。最終的には平鋼、角鋼、丸鋼、形鋼、平板など多様な形状ができあがります。

リムド鋼は成分と組成のうえからはもちろん鋼です。しかし内部に酸素を含んでいますから、その点からキルド鋼より不純物がやや多いと考えてもいいでしょう。ほかにはPやSなどの不純物を多く含有しています。そこで用途は一般的な汎用品になります。橋梁の骨角材、船舶、塔、製缶品、土木建設用各種材、建築物などの構造物などです。リムド鋼は熱処理して鋼の機械的性質を改良することはなく、むしろ外面の綺麗さや溶接のしやすさを要求する用途に向いています。ミクロ的には最表面のすぐ直下には酸素が残存していますが、機能上は問題が生じません。鋼で多く使用される代表鋼種はこのリムド鋼で一般構造用圧延鋼（JIS SS ○○○）です。○○○は引張強さを表しています。

一方、キルド鋼としての鋼はどのような使用と用途でしょうか。キルド鋼はガスや不純物を最少になるよう製鋼しています。JIS規定の鋼には種々ありますが、「SS ○○○」のように引張強さなど機械的性質の規定はありません。それではJIS規定では何を保証しているかといえば、成分と組成だけです。なぜそれだけの規定で機械的性質を規定しないのか、その理由は、成分と組成を厳格に定めておく

だけで、後は熱処理で最高の性能を発揮できるからです。そのためにはもちろん正しい熱処理が必要です。

　これら種々のキルド鋼は一般機械構造用鋼と言い、C、Si、Mn、P、Sの5元素だけを含有した炭素鋼があります。ほかには、これらに追加して合金元素、Cr、Mo、Ni、Mnなどを添加した各種の合金鋼があります。

　そこで話を元に戻して、キルド鋼の代表鋼種である一般機械構造用鋼の基礎を考えてみましょう。炭素鋼で説明しますと、5元素のうちCを除く成分は多少の差異はありますが、炭素鋼の種類はCの含有量によってJISで細かく区分けしています。C量は最少の0.10％から最大0.58％までの間を20種類に分類しています。C量の微少の差異で鋼の性質が大きく異なると言うことは肝に銘じていてください。

　C量で20種類に区分していますが、大きく分けると低炭素鋼、中炭素鋼、高炭素鋼とすることもできます。これは、C量の多少で硬さが変化するからです。Cが少量であれば軟らかく、多くなればかなり硬いので、軟鋼、半硬鋼、硬鋼などと分類してもいます。ほかにも分類の方法があります。

　炭素鋼を使用する際はC量の差異でどのように機械的性質が変化するかを充分把握しておかなければなりません。鋼に関しては炭素鋼のうち、C量がいかに諸性質に影響を及ぼすかということ、すなわち熱処理する以前の基本的な認識が必要です。これは作業者が理解しておけばそれでよいということではありません。まず設計者が理解することが前提です。

　C量が少ない場合はどのような性質になるでしょうか。まず硬さが低いことです。反面、軟らかいためにのびや絞りが大きくなります。そんな鋼は使用に値しないと思いがちですが、そうではありません。たとえば、チェーンという用途があります。チェーンはブランコや牽引の連結部材などに使用するので引張強さが必要です。過大な荷重がかかったときに急激に破断してしまうと危険な局面になります。もし破断する前にチェーンがのびれば、その時点で対策を講じることができます。のびが大きい材料はその意味では安全な使用ができます。鋼を使用する関係者は管理者のほか、常に鋼の性質を把握して使用を考えなければなりません。

1.6 ● 鋼中のCの特性

　鉄に含有するCは成分としてなくてはならない最も重要な元素です。熱処理とも密接な関係があります。
　Cが鉄中に含有するとき、基地中に固溶するほかに鉄との間で合金を形成します。ここで合金とは何かを簡単に説明します。合金は鉄以外を含めると数えられないほどたくさんあります。

(1) 合金の定義

　合金を定義すると、1つの金属にほかの金属（または非金属もあります）を溶かして作った新しい材料であり、金属のようでもあるし、そうでない特別の性質を有する材料といえます。2つ以上のこれらの元素（この項ではFeとCです）を成分と言い、2つの成分のそれぞれの量あるいは割合を組成と称します。2つの成分からなる材料を2元合金、3つを3元合金、以下同じで多数になれば多元合金です。
　合金は固溶体と金属間化合物があります。固溶体は1つの元素に他の元素が入り込んで結晶格子を形作っていて、金属顕微鏡で組織を観察しても2つの元素を区別することはできません。すなわち、結晶格子の中に互いに溶け合っていると考えてもいいでしょう。
　結晶格子を構成する元素は大きさがまちまちです。直径の差が少ないときは置換型固溶体という形になりますが、C元素はFe元素に比較して小さいのでFeの結晶格子内の隙間に入り込んで侵入型固溶体を形作ります。
　合金には金属間化合物があります。互いの成分の組成が簡単な整数比で化合し特定の結晶格子を持っています。これら化合物の性質の多くは硬く、脆性を示し、電気の抵抗が大きくなります。その代表がセメンタイトです。
　FeにCが固溶した合金（鋼）も同様ですが、合金は一般に強さと硬さが大きくなります。融点（溶融温度）は純金属に比較して低くなります。

(2) 鉄と炭素の合金

　FeにCを含有するとどうなるか、主な特性をあげてみましょう。

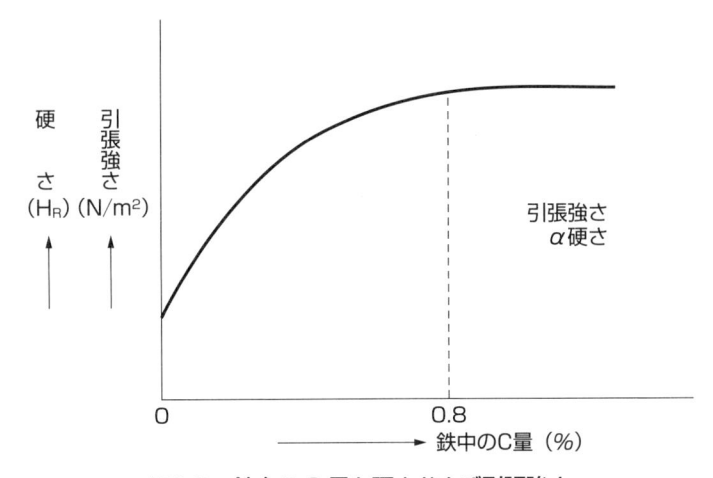

図1.8　鉄中のC量と硬さおよび引張強さ

　FeにCが固溶すると、硬さは硬くなります。同じく引張強さ、降伏点も上昇します。硬さと引張強さはほぼ比例すると考えます。焼入れ処理するとその傾向はさらに著しくなります。ただし、鋼中のCは焼入硬さ（引張強さも同じ）の上昇に限界があります。C量が共析鋼の0.8%量を超えると硬さは頭打ちになります（**図1.8**）。

　引張強さは鋼の組織に左右されます。そこでC含有量と組織の関係から引張強さを計算できる実験式があります。今まで発表された参考値から、焼ならしして空気中冷却したαFeの引張強さは31.5kg/mm^{2}です。一方、パーライト組織の引張強さは98kg/mm^{2}とされています。普通市販の共析鋼のCの含有量は0.8%ですし、この引張強さの数値に達しますから、あるC%を含有する亜共析鋼の引張強さをσとすると、次式になります。

$$\sigma = 31.5(1-C\%/0.8) + 98(C\%/0.8) \quad (\text{kg/mm}^2)$$

　また、焼なまし状態の0.85%C鋼ではαFeとはパーライトの引張強さがそれぞれ少し落ちて、次式のようになります。

$$\sigma = 29(1-C\%/0.85) + 84(C\%/0.85) \quad (\text{kg/mm}^2)$$

　このように組織が引張強さだけでなくほかの機械的性質にも影響します。
　このほか、鋼内の結晶粒度が性質に影響を与えます。結晶粒度が大きくなると焼入性をよくしますし、同時にその他の機械的性質、たとえば衝撃値は大きくな

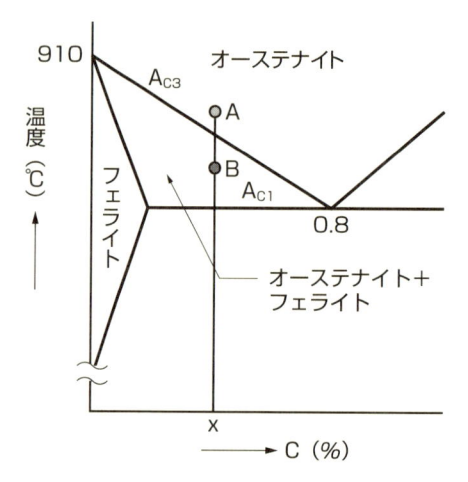

x%含有するある鋼の場合、加熱した点
Aはオーステナイト、
Bはオーステナイト＋フェライト、
である。
　この点から急冷すると、
オーステナイト→マルテンサイト
フェライト→フェライト（変態しない）
となる。

図1.9　Fe-Fe₃C系状態図

るなどの結果を示します。

　C量は鋼の焼入温度を左右します。Fe-C状態図を読むとオーステナイトに変態する温度がわかります（**図1.9**）。オーステナイトはA_{c1}点で析出しますが、A_{c3}点以下の範囲ではフェライトと共存しています。このA_{c1}点とA_{c3}点間の温度でもし焼入れすると、フェライトは変態することはなく、そのまま残りますから、オーステナイトだけがマルテンサイトに変態します。結果としてフェライトとマルテンサイトが混合した組織になりますし、フェライトが存在する分軟らかくなります。

　そこで完全焼入れ（詳細は後述）を目標にするには焼入れ時の組織をすべてオーステナイトにした後で焼入れします。よって焼入温度は亜共析鋼ではA_{c3}点を超えなければなりません。A_{c3}点を超えるときはC濃度、すなわち鋼の含有C%ごとに温度が変わることになり、適性温度の設定は基本的に状態図から読み取らなければなりません。

　ところが過共析鋼ではすべての組織をオーステナイトに加熱して焼入れすると失敗します。Fe中へのCの固溶濃度が多くなり過ぎて（すべて固溶するわけではないが）過剰なCを含んだまま焼入れすると、焼割れが発生したり、オーステナイトが多く残留してうまく行きません。そこで過共析鋼は焼入温度をA_{c1}点の直上温度まで下げ、オーステナイトに変態している組織だけをマルテンサイト

変態させます。

このように Fe は鋼に含有する C 量によって鋼の特性がいろいろな影響を受けることを考えてください。

次に鋼中の C はマルテンサイト変態を始める Ms 点も変化させます（焼入れ時のマルテンサイトは後述）。Ms 点は C だけで決まりませんが、影響は大きくなります。Ms 点を計算で求めることができます。計算式は数種があり、いずれも実験式です。そのうち代表的な式を紹介します。

$$Ms(℃) = 538 - 317(\%C) - 33(\%Mn) - 28(\%Cr) - 17(\%Ni)$$
$$- 11(\%Si + \%Mo + \%W)$$

数式中の元素含有量の前にふられた係数を確認すると、C 量が他の元素に比較して大きくなることがわかります。同時に Mn と Ni はオーステナイト形成元素ですが、この元素の含有量も大きく影響を与えることが理解できます。

C は炭化物形成元素と親和性があります。合金元素側から見たら相手は C だけです。セメンタイト（Fe_3C）がその代表でよくわかりますが、炭化物は非常に硬い金属間化合物です。ただし、C と親和性が少ない元素として、Ni や Mn があります。炭化物はマルテンサイトより硬くなりますし、加熱に対して耐熱性があります。マルテンサイト組織と炭化物を形成する両面で基地を硬化すると素晴らしい耐摩耗性を得ることができます。

1.7 機械構造用鋼の熱処理の考え方

機械構造用鋼のうち炭素鋼は JIS では「S〇〇C」と記号化しています。〇〇が C 量を示しますから、記号で C 量がすぐ理解できます。もちろん〇〇には許容差が認められていますから、規定を参照してください。

(1) 低炭素鋼

低炭素鋼は前述したように強さを優先しないで、むしろのびや絞りを重要視して使用する鋼でした。この材料の用途は鉱山や土木に使用する機械装置などがあります。とくにこの業界では安全に配慮します。すなわち保安上の機械装置では設計上の安全率は10倍の係数を採用するように鉱山保安の規則が定められていま

す。10倍ということは、安全率が1のとき余裕はなくても耐える計算ですが、率が10では過大な荷重が10倍かかるまで支えられるという計算上の安全率です。さらに使用しなければならない鋼種が定められています。S○○Cのうち、○○が25以下程度（せいぜい30ぐらい）、すなわちC量が0.25％以下の鋼種です。安全率を10として、さらに低炭素鋼を使用することにより急激な破壊から逃れる工夫をしています。これらの機械や装置に使用する部品は保安金物と称しています。

　保安金物を代表として使用する低炭素鋼はC量が少ないので熱処理を施工しても機械的性質の大きい向上は望まれません。そのため鍛造で破壊した内部組織を標準化して組織を調整するとか、内部応力を解放する目的のために焼ならしを行います（**表1.2**）。大物品は焼ならしを繰り返して行うなど、あるいは焼ならしした後に低温の焼なましを加えることもあります。保安金物は使用中に内部に応力を蓄積しますし、表面部に加工硬化を生じることになりますから、年単位で定期的に分解し焼ならしすることが要求されます。

　低炭素鋼のもう1つの特性は溶接性がよいことです。一般の鋼ではSS材を使用することが多くなりますが、ときどき機械構造用炭素鋼を使用して溶接する機会が出てきます。この場合、低炭素鋼が炭素当量（溶接性を評価する1つの項目）が小さいので溶接欠陥が出にくく溶接しやすくなります（**図1.10**）。

表1.2　鋼と熱処理の選択

鋼の種類	熱処理
低酸素鋼	焼なまし、焼ならし
中炭素鋼	焼ならし 焼入れ後高温焼戻し（調質）
高炭素鋼	焼入れ後高温焼戻し（調質） 焼入れ後低温焼戻し

$$炭素当量(\%) = C + \frac{Mn}{6} + \frac{Si}{24} + \frac{Ni}{40} + \frac{Cr}{5} + \frac{Mo}{4} + \frac{V}{14}$$

たとえば溶接構造用圧延鋼（SM）では、以下が規定されている

鋼材の厚さ(mm)	50以下	50を超え100以下	100を超える
炭素当量（％）	0.44以下	0.47以下	協定による

図1.10　炭素当量

(2) 中炭素鋼

　中炭素鋼はおよそＳ30Ｃ程度からＳ45Ｃまで辺りの範囲と考えてよいでしょう。Ｃ量を多く含有するようになれば鋼は次第に硬くなり、引張強さが向上します。反面、のびや絞りが低下し、衝撃的な強さに対して脆くなってきます。

　中炭素鋼の使途はいわゆる耐強度を優先する部位に使用します。熱処理は設計に応じて焼ならしを施工して使用する場合もありますが、鋼の性質を最大に利用したいときは焼入れを行います。

　焼入れは硬さを最優先するなら焼入れ後の硬さを消失させないために低温焼戻し（150～200℃）をします。ただし中炭素鋼ではこの使い方は少ないでしょう。それより高炭素鋼が勝るからです。

　中炭素鋼の焼入れでは高温焼戻しをします。硬さを調整し、しかも高温で焼戻しして材質に靱さ（ねば）（液体の場合は粘さ）を付与する目的があります。この熱処理を調質と言います。

　多くの使途は強度母材として多用します。軸はその代表です。自動車の車軸、産業用の各種軸、歯車類もあります。この鋼の欠点はＣ量が多くなるにつれて溶接性が悪くなることです。高炭素鋼を高温焼戻し（600～650℃前後）して使用することもあります。硬さを少し犠牲にした分、靱性を付与します。歯車は耐摩耗のために歯の硬さが必要ですし、歯の曲げ強さ、すなわち引張強さが要求されますから、本鋼は適正な使用になります。

　このように鋼はＣ量の多少で本来の性質が大きく変化するのですが、これらに何らかの熱処理を施工するとさらに性質を大きく変化させることができます。

(3) 高炭素鋼

　高炭素鋼は引張強さや靱性より硬さを優先するときに選択します。熱処理を施工しない圧延したままでも硬さは高く、強さに勝りますから、耐摩耗性を要求する部品や強度を要求する部位に使用します。ただし引張強さが大きくなるに対して、靱性が劣化することをいつも念頭に置いておくべきです。とくにこれらのことは設計者が充分に認識しておかなければなりません。

　高炭素鋼は焼入れして使用することが多くなります。硬さを優先するためには焼入れ後に低温焼戻しをします。もともとＣ量が多いために硬い鋼ですが、焼

入れによってその差異は倍加します。耐摩耗が必要なブレーキ関係の部位、安価な刃物、ハンマーなどの用途があります。

(4) 焼入性

炭素鋼の特性はCの含有量で大きく左右されますが、同時に熱処理を施工すると一般にその性質がさらに大きく振れます。

機械構造用炭素鋼はキルド鋼としての品質も高いですが、使用量も多く合金鋼より廉価です。このため大量生産する自動車産業には多く活用されています。

機械構造用炭素鋼に用途に応じた熱処理を施工すると、よい特性を発揮します。しかし適正な熱処理の方法を誤るとか、熱処理の作業でもミスするとせっかくの鋼の優秀性を得ることができなくなります。炭素鋼は成分と組成だけで定められた鋼ですから、熱処理の計画から作業までの一連の正誤と優劣によって生きた鋼になるかどうかの分かれ道になります。

しかし炭素鋼には欠点があります。それは質量効果と称される現象です。大型品の焼入れは中心部まで焼きを入れることができません。焼入れができるという評価は加熱時のオーステナイト組織がマルテンサイト組織に変態することですが、変態率が50％を超えるとき焼きが入ったと定義しています。この定義から質量が小さい場合は難なく中心まで焼きが入りますが、大きくなってくると表面部とそれから浅い距離までしか焼きが入りません。

このことを焼入性といいます。すなわち焼入性とは表面から焼きが入る深さを意味します。質量効果が大きい場合は焼入性が悪くなります。焼入性をよくするためには種々の対策を採用することができます。熱処理の関係者は焼入性の良否を理解することが重要です。

1.8 ● 合金鋼の使用は熟考して

世の中では、一般機械構造用鋼は炭素鋼が最も多く使用されています。炭素鋼は廉価で使用しやすいためです。その一方で合金鋼もたくさんの種類があって機械装置や自動車産業に使用されています。

JISに規定した一般機械構造用合金鋼の種類をあげてみましょう。( ) 内はJIS

に規定した鋼種の記号です。
・マンガン鋼（SMn○○○）
・クロム鋼（SCr○○○）
・マンガンクロム鋼（SMnC○○○）
・クロムモリブデン鋼（SCM○○○）
・アルミニウムクロムモリブデン鋼（SACM○○○）
・ニッケルクロム鋼（SNC○○○）
・ニッケルクロムモリブデン鋼（SNCM○○○）

　上記を制定した年代順はさまざまですが、概ね価格が安いMn鋼から次第に高価格になる順位を示しています。合金元素のMnは安く、Crがやや高く、Moは非常に高くなります。ただし含有量に差異がありますから、鋼の価格としては少々変わってきます。NiはMoほどではないですが高くなりますし、合金鋼の中では使用量が多いため高価格な鋼になります。戦時中は合金鋼を製造するためにドイツから潜水艦などを使って秘密裏にMoを輸入していました（**図1.11**）。

　一般機械構造用合金鋼「SNCM○○○」を例に記号の意味を解説しましょう。合金元素の成分はNがNi、CがCr、MがMoを表しています。○○○の最初の○は、Ni、Cr、Moの組成を示しています。JISを詳細に理解すると、数字によって成分の組成がわかりますが、かなり多種なので暗記するには困難です。むしろその都度表を確認することをお勧めします。次の○○の下2桁の数字は覚えてください。この数字はC量を示します。もし35であればC量が0.35％です。SNCM○40ならCが0.40％含有したニッケルクロムモリブデン鋼というわけです。

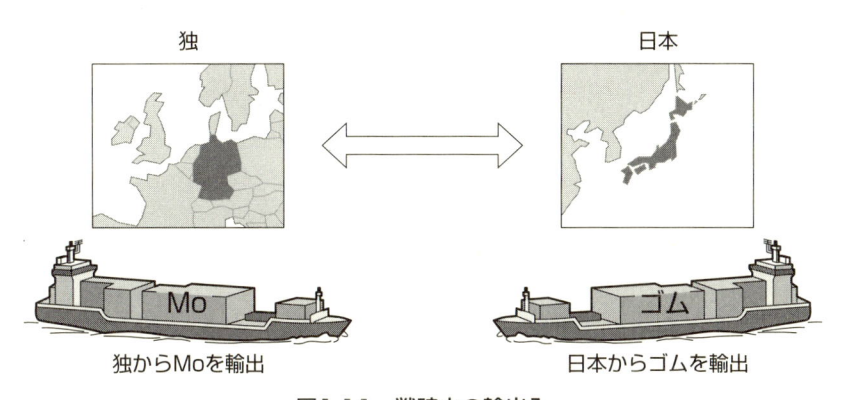

独からMoを輸出　　日本からゴムを輸出

図1.11　戦時中の輸出入

JISに規定されていませんが、メーカーが製造して一般に使用している鋼に次のようなものもあります。
・ニッケル鋼（Ni鋼）
・ボロン鋼（B鋼）
これらの成分と組成はメーカーが規定しています。

JISに規定した鋼種はこのようにたくさんの種類がありますが、炭素鋼でも20種類あったように、それぞれが成分組成を変えてさらに細分化した種類を定めています。よって全部を合計すると一般構造用合金鋼としては数十種類にのぼるでしょう。

合金鋼はこのようにたくさんの種類がありますが、どうしてそれほどの種類が必要になるのでしょうか。もともと炭素鋼を使用しないで合金鋼を使用する目的は、合金鋼は炭素鋼に比較して次のような優れた特性を有しているからです。
・組織内部の結晶粒度を微細化する
・合金元素がフェライト地を強化して機械的性質を向上する
・すなわち引張強さや靱性を上げる
・耐熱性を具備する
・低温時の強度が優れる。とくに低温時の脆化を弛める
・質量効果を少なくして焼入性を向上する
・CやNとの化合をしやすくする（前者は炭化物、後者は窒化物を形成する）
・焼戻しの際の軟化に対する抵抗性（焼戻し軟化抵抗性）が大きい
・焼戻し時に焼入れ時の硬さより高くなる現象を生じることがある（2次硬化）

これらの特性は合金鋼のすべてに備わっているのではありませんが、それぞれがとくに秀でた性質を示すときに、その鋼を選択して利用しています。

合金鋼はMnやCrなど多くの合金元素を含有しますが、これらは一般にどのような性質を有するか理解する必要があります。

①Mn：焼入性を増し、オーステナイト領域を拡大します。後者の意味は、Mnを含有したときにFe–C状態図の中で、A_3線を下げてオーステナイトの領域を広げる現象を生じさせます。ほかにはNiも同様です。これらはオーステナイト形成元素と言います。焼入温度を検討すると、加熱時に炭素鋼に比較してやや低い温度でオーステナイトに変態しますから、そのことを考慮した熱処理条件を設定しなければなりません。焼入れ後に残留オーステナイトが現出しやすい理由もこ

のためです。

②Cr：焼入性をよく改善します。CrはCと親和性が優れて硬いCr炭化物を形成します。Cr炭化物は焼入れによって変態して生じた硬いマルテンサイト組織と併せて基地を硬くします。

③Ni：Mnと同じくオーステナイト形成元素です。Niはフェライト地を強化するだけでなく、極めて靱(ねば)い性質を示します。Niは微量の含有で低温に対しても靱性が優れていますから、低温用に多用しています。さらに、耐熱性にも優れ酸化に耐えます。

④Mo：微量の含有で焼入性を改善します。

⑤V（バナジウム）：組織内の結晶粒度を微細化します。

⑥Al（アルミニウム）：Nと化合して高い硬さのAlNを形成します。

⑦B：0.002％程度の微量の含有で焼入性を改善します。

このように合金元素はそれぞれの特性を持っていますから、設計者はまず合金鋼を使用する際に目的に沿う鋼種を正しく選択しなければなりません。熱処理を行うときも同様ですが、とくに各合金元素の性質を念頭に入れた条件を設定することです。

合金鋼はこのようにたくさんの特性を有していますが、高価格です。よい特性があるからと言って、性急に合金鋼を使用するとしたら機械や装置の製造原価がふくらみます。そこで合金鋼を使用するにあたっては、一般に強さに対しての高価格（強度／価格）比、あるいは目的の性質／価格について比較することが必須です。

たとえば自動車工業では車軸を製造する際に1機種でも同一の形状で百万本以上使用します。車軸1本の製造原価が仮に1,000円だとしますと、1円の原価を下げることに成功したら百万円の原価が低減できます。

炭素鋼かあるいは合金鋼を使用するかの選択は、鋼材単価、鋼種のそれぞれの重量（炭素鋼より合金鋼は強さが大きくなるから形状すなわち重量を軽くできる）、それらを切削する時間、熱処理原価など種々の要因を比較してその優位な鋼種を選択することになります。

1.9 ● 重要な焼入性

　機械構造用鋼は特性を最大限に発揮するため熱処理、とくに焼入れ焼戻し（調質）を行う工程が多くなります。なかでもその効果が大きい合金鋼はそうです。そこでは焼入れの効果の評価が必要になります。

　一般にそれぞれの鋼種の特徴をまだ把握していない設計者、あるいは熱処理管理者は合金鋼の選択に際して検討が不足している感がします。質量が小さな部品に対して高級な合金鋼を使用している例を見ますし、もっと悪いことは合金鋼を使用しながら焼入れ焼戻しの指示がない図面があります。このような使用の例は機械構造用合金鋼の役割を知っていないからでしょう。

　合金鋼は上手に熱処理すれば素晴らしい特性を発揮することができます。焼入れの評価は過去から現在までいろいろな方法が考えられてきました。その中で直接的な方法は、焼入れしたあと、切断して硬さを測定し、焼きの深さを評価することです。質量や形状に応じて各部の焼きの深さが現実に観察できますから真値が得られます。しかしこの方法は、多量の同一品があれば最初の1個をお釈迦にすればいいのですが、破壊試験ですから数が少ないときは簡単にできません。また質量、形状が変われば真値が得られなくなります。

　そこで同一鋼種の形状の中で前もって直径を数個変えて焼入れし、切断して表面から内部まで断面の硬さを測定します。硬さの分布は表面が最も高く、内部への距離に従って次第に軟らかくなって中心部が最低の硬さになります。硬さの分布は曲線状になります。

　直径を数個変えてこの試験を行い、同じグラフの中に硬さの値をプロットして線引きすると分布状態が見えてきます。硬さの分布はどれも同じお椀のような曲線状です。しかしそれぞれの硬さには高低差があります。小径は硬さ分布の全体が高く位置し、反対に大径では低くなります（**図1.12**）。

　実際の被焼入品の焼きの評価を下すときに、この試験の結果を参考にして間接的に推定することができます。さらに質量の限界も知ることができます。この試験で注意することは、試験の熱処理条件と実際のそれが乖離したときに齟齬が生じます。たとえば焼入温度、冷却方法などです。

　ほかにも種々の焼入れの評価法が考えられてきました。理想的な臨界直径を計

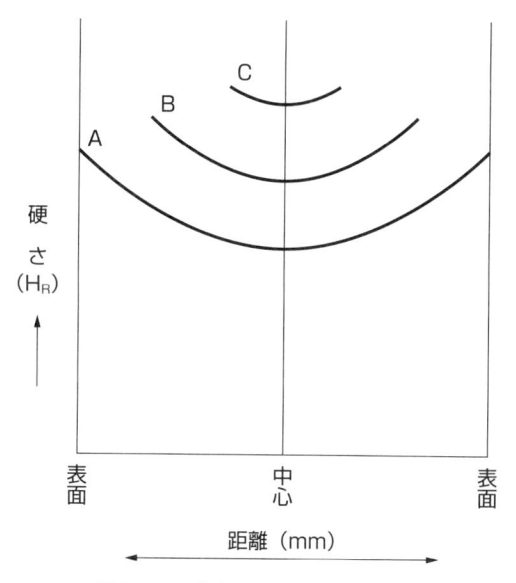

図1.12　丸鋼の焼入れ硬さ分布

　算で求める方法もあります。鋼の結晶粒度、鋼が含有する成分とその組成を基本の実験式に設定すると、理想的な焼入れ可能な直径が求められます。一方、冷却はその能力や方法によって変化しますから、その中の条件を選択して推定方法を設定して被焼入品の冷却能を推定します。理想的な焼入直径が冷却能の差異によって低減されて、実際の焼入れ可能な直径が求められるという手順です。

　この方法は計算上の手法で一種のシミュレーションです。実際の熱処理はほかにたくさんの現実的な要因によって変化しますし、それらの要因を見つけ出し、確認し、評価に活かすことができるかが熱処理技術者です。シミュレーションに終始してしまってはいけません。シミュレーションを行うのは誰にもできるため、それをきちんと活かすことが技術者です。現場にも出ず、机上で汗もかかずに苦労もしないのはもってのほかです。

　古くから焼入れの評価を正確に、素早く推定することは至難の技でした。現在最も多用し、日本を含めて各国の評価基準に採用している方法があります。それはジョミニ試験法（一端焼入法）です。

　図1.13に示すように、直径1インチで長さ4インチの試験片を加熱し、真下の一端を連続して水冷します。すなわち一端からだけの焼入れを行います。完冷

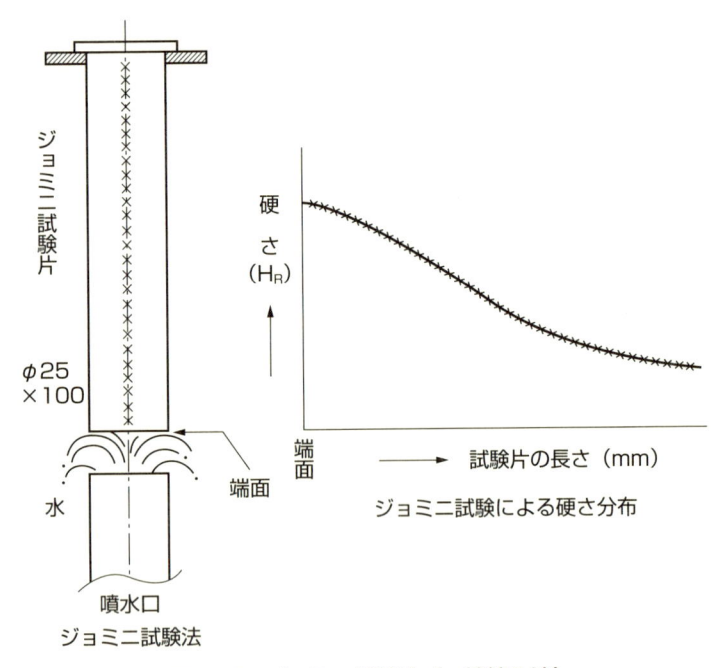

図1.13 ジョミニ試験法（一端焼入法）

したあと、一端側から軸方向表面の硬さを測定し、縦軸に硬さ、横軸に端部からの距離を求めて硬さをプロットします。硬さは最初に冷却し始めた端面が最も高く、次第に降下します。この図を利用すると、一端からの距離に応じた硬さがわかりますから、間接的に焼入れの評価を行うことができます。現在、焼入性を評価する方法として一般的に採用されている方法がこれです。

合金鋼はジョミニ試験を繰り返し行って硬さをプロットしますと、同一の線に重なることはありません。それは熱処理条件が同一でも、作業において微妙に差異が生じてきますし、鋼自体の成分は同じでも組成が許容値内あってバラツキがある分、焼入性に相違が生じてくるからです。しかし曲線はいずれにしてもある幅に収まります。これをHバンドと称しています（**図1.14**）。

製鋼メーカーは自社で製造した合金鋼にジョミニ試験を行い、曲線を保証することがあります。この保証した鋼をH鋼と言います。製鋼メーカーは合金鋼の成分と組成を保証していますが、H鋼となるとさらに曲線で示す硬さ、距離まで保証を追加しています。製鋼メーカーとユーザーの実際の取引においては、保証

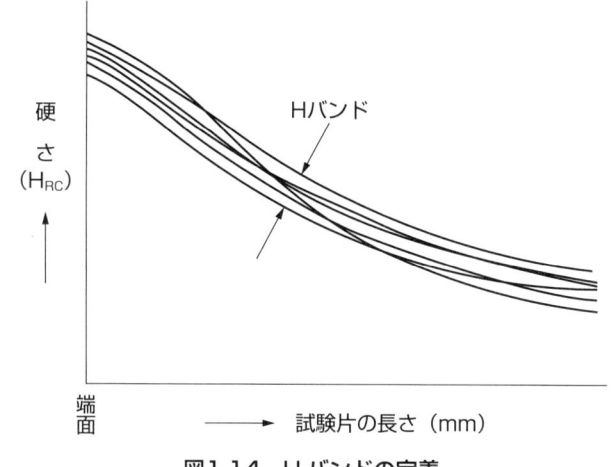

図1.14 Hバンドの定義

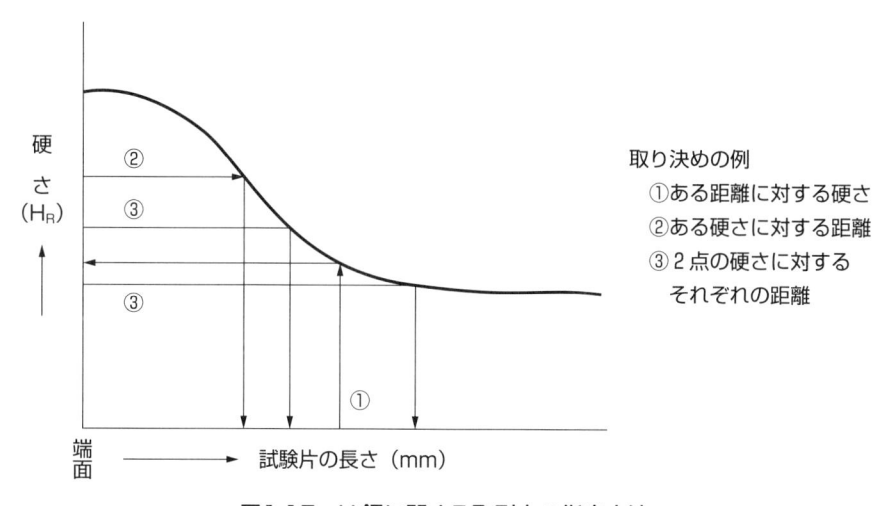

図1.15 H鋼に関する取引上の指定方法

取り決めの例
① ある距離に対する硬さ
② ある硬さに対する距離
③ 2点の硬さに対するそれぞれの距離

の方法は曲線の全体ではありません。ユーザーは設計上必要な方法によってメーカーと互いに取り決める指定方法をとっています。その方法を図1.15に示します。

　H鋼は製鋼メーカーがジョミニ試験を基礎にして鋼の焼入性を保証した鋼種であると考えていいのです。たとえばH鋼が、ニッケルクロム鋼であればSNC○

○○H として、後尾に H を追加しています。

　ユーザーは大量生産品であればなおさら厳密な焼入性の計算をします。そのときHバンドが基本になります。ただし注意すべきことがあります。設計上の計算、すなわち JIS に規定した H 鋼は JIS を定める際の熱処理条件で施工したときの値であるということです。これは事例と考えてください。ユーザーの設計者はいつもこのようになるはずと考えてはいけません。自社の熱処理では必ず差異が生じると考えてください。どのような差異になるかは熱処理の作業、装備、熱処理条件が異なるからで、各社各様になります。本来なら自社は自社なりの熱処理を行い、Hバンドを確認しておく必要があります。このことは熱処理の作業と管理するうえで非常に重要な事柄で、設計者も理解しておかなければなりません。

1.10 鋼材の仕様と在庫

　鋼材は仕様が決められています。JIS がわかりやすいのでこれを利用して説明しましょう。本項では成分や機械的性質から離れて、主に設計者と購買者が利用する鋼材の形状で仕分けすると、①棒鋼、形鋼、鋼板、鋼帯、②鋼管、③線材、その二次製品のようになります。これらは成分上の区分というより用途による種々の形状です。

(1) 棒鋼、形鋼、鋼板、鋼帯

　棒鋼、形鋼、鋼板、鋼帯は構造上の用途、圧力の大きさによる用途、土木建設機械用途、鉄道機械・設備用途などがあります。それでは仕様という点から最も多用的な形状を確認してみましょう。

　棒鋼については、まず丸鋼があります。熱間圧延したままの一般機械構造用鋼のサイズの代表を見てみますと、最小経11（以下 mm）、順に13、16、19———、55、60、65———、160、180、200となります。設計者もこのことは常識として頭に入れておく必要があります。

　角鋼は対辺距離を定めています。最小40から、45、50、———、120、130、140、———、200です。ほかには 6 角鋼もあり同じく対辺距離で示しています。

　以上の標準的な寸法は常識です。ただしこれ以外の寸法で特別に製鋼メーカー

に注文することはできます。ただしその場合は、数十〜数百トンの量が必要です。

形鋼は少なくとも現場的な形状の名前を知っておくべきです。山形鋼はアングル、I形鋼はIビーム、H形鋼はH鋼、溝形鋼はチャンネルといったりします。現場的にほかの名前で言い表すこともあるでしょう。いずれにしても正式な形状を含めてどんな形であるかを瞬間的に思い浮かべることです。

鋼板はまず標準の板厚が最小1.2、次から1.4、1.6、――――、3.6、4.0、4.5、――――、10.0、11.0、12.0、――――、19.0、20.0、22.0、――――、40.0、45.0、50.0などです。

鋼板ではよく使用するサイズが幅です。最小が600、630、670、――――、2800、3000、3048です。さらに長さがあります。最小の1829から順に、2438、3048、6000、――――、最大が12192になります。

現場的には幅と長さを同時に表して、900の1829などと言います。これを尺寸法で換算して3-6をサブロクなどと言います。むしろ現場ではこういう言い方が多いようです。

(2) 鋼管、線材

鋼管や線材は、その種類が多すぎてどれを代表とするかが困難ですから省略しますが、注意することは、まだインチサイズを意外に多く使用していることです。また、鋼材の標準寸法や形状の名前は現場的に使用する機会がほとんどですから、少しずつ確認しておく必要があります。

(3) 構造用鋼の仕様

次に熱処理に関係が深い構造用鋼に関しての仕様を知っていてください。一般構造用圧延鋼SSは熱間圧延も冷間圧延後も形状と寸法が決まれば、その状態で終了かつ放冷したままです。内部組織は圧延したままですから、いわゆる繊維組織が残存しています。機械的性質を考慮すると、圧延方向にはそうでない方向に比較して優位差があります。具体的には鋼板の場合、**図1.16**に示すように板厚方法が最も弱く、次が幅方向、最も良好な方向は圧延方法すなわち長さ方向です。設計者はこのことを確実に頭に入れておくべきです。すなわち現場で1枚の板からCP（カッティングプラン）するとき、板を裁断する方向で機械装置の強度が左右されるからです。

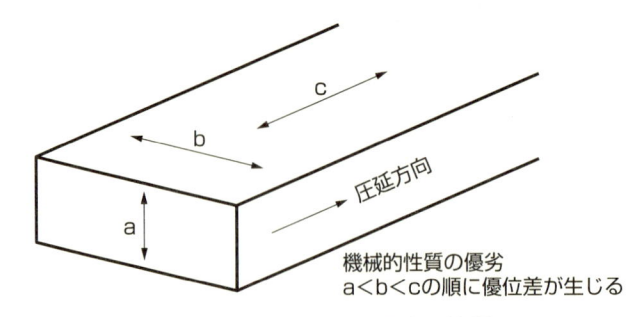

図1.16　板材の圧延方向と性質

機械的性質の優劣
a＜b＜cの順に優位差が生じる

　SS材は仕様としてⓇ（マルR）となります。Ⓡとは圧延した、すなわちRはロールしたままと言う意味です。どうしても内部の繊維組織を解消し、圧延方向の機械的性質を平均化したいときは、熱処理で焼ならしを行います。そのときの記号はⓃ（normalizingのN）となります。熱処理は大量に注文するなら製鋼メーカーに依頼することは可能ですが、キロ当たり数円高くなります。しかしSS材は重要で精密な部位に使用することが稀ですから、多くは圧延のまま使用するようです。

　一般機械構造用鋼は圧延のままと、焼ならし、焼なまし（Ⓐ）、焼入れ高温焼戻し（調質、Ⓗ）を施工した仕様があります。どの仕様を購入するかはユーザーの使用方法によります。また購入時のキロ当たりの価格は上記の順に高くなります。

　鋼材を購入したあとすぐ切削加工して寸法を仕上げたいときは、すでに調質していた方が都合がいいでしょう。ただし、キロ当たりの上乗せの価格が自前の熱処理で施工したときと比較して高いならⓇ材を購入して社内で施工した方が安くなります。ⓃとⒶも同様です。

　機械加工など途中の工程で、自前で確実にあるいは特殊な方法で熱処理（焼ならしや焼なまし）を施工するときは、Ⓡの購入になります。また大物品や特殊な形状の場合、鍛造や圧延など熱間塑性加工して形状を整え、そのあとに焼なましや焼ならしを行うので、購入時はⓇでいいわけです。

　このように購入後の工程によって、どのような仕様で購入するかが決まります。仕様はユーザーの製造形態に左右されると言うことです。

　ユーザーは機械や装置を製造するときに、市場性すなわち納期や価格の変化に

対応して多くの鋼種の在庫が必要です。しかし在庫は多くても何ら利を生みません。在庫はお金をそこに置いているだけのものですし、むしろ錆がついて劣化するし、紛失や異材の混入もあるからです。

　そのため購買者はできるだけ最少の在庫にして回転率を向上させることを望みますが、設計者や製造からは納期の点から反対されます。いずれにしても鋼種を少なく、仕様を単純化し、サイズもできうる限り少なく準備することが無駄を省くことになります。それでも、在庫の必要性が出てきたりします。そのときの鋼材の保管は単純ですが非常に難しい役目です。購入時の品質を維持し、使用時の要求に即対応しなければなりません。そのためには工場全体の総和として意見を集約して、適正な在庫量を決定しなければなりません。

1.11 ● 鋼種の在庫と火花判別

　工場にあっては鋼材の在庫管理は簡単なようで単純と考えられがちですが、必ずしも容易ではありません。それは前述したように鋼種だけでも相当の種類があること、同じ鋼種でも熱処理などの仕様が異なること、さらにはサイズが広範囲であることです。これらが絡むと何百種類の在庫を抱え込むことになります。

　毎年、数種類の鋼種をそれだけで生産に使用していくような工場では問題が生じることは少ないでしょうが、客先の注文に応じて設計し、新しい機械装置を研究開発する場合は毎年毎月使用する鋼種が異なってくるはずです。そうなれば昨年は多量に使用した鋼種が今年はまったくはけずに在庫が眠ってしまいますし、それが数年間も続くと先々も使用することはなくデッドストックになってしまいます。

　スリーピングストックは勘定の仕分けでいうと仕掛品になり、優良な流動資産といえますが、それでも無駄なお金を投じたままで有効に利用されていません。さらにデッドストックになるとこれから使用する予定がなくなり、安くても鋼材商に返却できれば少しはお金の回収ができますが、スクラップになってしまうと仕掛品として帳簿に計上していた価値が一挙に不良資産になり、手痛いダメージを受けることになります。工場はそのような整理を行うことを嫌がります。そのままにしておけばいつまでも優良資産として計上できているからで責任はありま

せん。しかしこのような鋼材は、工場の仕掛かり在庫としては価値がないのです。
　在庫の管理はこのように内容がわかると非常に大事です。だから在庫をどうするかについて購買や倉庫という部門だけに任せておかないで、研究開発、設計、生産現場を含む全体の問題として研究することです。
　在庫管理をどうするかに関しては、次の３点に気をつけましょう。
①鋼種の特性を把握する。特性が重なりあった鋼種を在庫していないかを調査する。
②生産上の工程を把握する。たとえば購入時の仕様は工場の生産工程を加減することによって１種類に統一できないかを全部門で検討する。一般機械構造用鋼に関して、在庫費用が鋼材の付加仕様による単価増プラス熱処理経費より多ければⓇに統一することができます。それらの比較はある時期に計算したらそれで終了と言うことではありません。鋼材単価や金利が流動しているからです。でも少なくともこのような柔軟な考え方をいつも頭に入れておくことは重要です。
③在庫品の流動性がない場合、その期間は流動という意味で１年くらいでしょう。１年を超えて動かない鋼材は、その量と期間に消費した経費を算出して関係部門と共有することです。そうするともちろん責任が生じてきます。しかし１年以内で手を打てばそれ以降の被害が少なくなります。いずれにしても在庫を明確にするべきです。
　工場は種々の在庫品を抱えています。そうした在庫を何年も抱えていると、鋼種の区別さえできない鋼材が山高く積み上げられてしまいます。
　このような鋼材をスクラップにすることは決断できますが、何とか有効に利用できたら損失を防止することができます。鋼種の調査は外観上の色分けや刻印、添付資料や荷札を利用した明示方法などで判別できますが、それができない場合、科学的に分析するほかありません。しかしこの方法は時間と費用がかかります。これに対して簡便な方法があります。その方法は鋼材の成分と組成を簡便な火花試験で確認することです。
　熱処理だけの賃加工業の企業では種々の製品の鋼種が搬入されるので、とくにその方法を実施して異種材の混入を防止して安全性を確認します。もし異材が混入していたらお釈迦になるだけでなく、失敗を防止できません。
　火花試験の方法はJISに詳述されています（図1.17）。

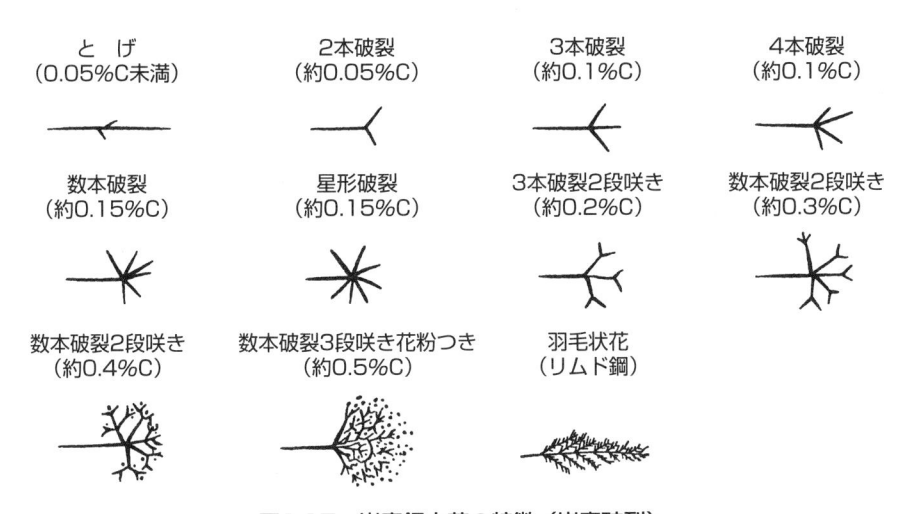

とげ (0.05%C未満)	2本破裂 (約0.05%C)	3本破裂 (約0.1%C)	4本破裂 (約0.1%C)
数本破裂 (約0.15%C)	星形破裂 (約0.15%C)	3本破裂2段咲き (約0.2%C)	数本破裂2段咲き (約0.3%C)
数本破裂2段咲き (約0.4%C)	数本破裂3段咲き花粉つき (約0.5%C)	羽毛状花 (リムド鋼)	

図1.17　炭素鋼火花の特徴（炭素破裂）

　火花試験は、手持ちのグラインダーを使用し鋼材に当てて火花を発生させます。火花を発生させやすくするために、扱いが簡単な手持ちの軽量なグラインダーがよく、グラインダーの砥石は手頃な大きさがいいようです。火花試験は含有する合金成分によって火花の色、明るさ、火花の流線、その長さと太さなどがまちまちで明確な特徴があります。Cは最もわかりやすい火花を生じますから、最初に確認できる元素です。

　鋼材が流動的に使用されることなく、鋼種の判別もできなくなりスクラップ処理を待つ状態であれば、簡便な火花試験を実施して分類し、有効に利用することは極めてよい効果をもたらすことができます。そのためには、火花試験による鋼種の判別をできるように社内教育を行うことです。教育は実地で行うことが有効ですが、初歩のレベルでは市販の標準サンプルを利用してもいいでしょう。

　火花試験に際しては、手順としてまずCの火花を判別します。C量が多くなればなるほど線香花火のように細かく散乱する火花が多くなります。C量を基準に火花を体得すれば、C量からを容易に鋼種を推量することができます。上手になればC量を0.05%の差異で確認することが可能になります。

　SNCM材では、もちろんNiの火花、Cr、Moの火花などの特徴を知覚できることが前提です。

　特殊な鋼は火花が明らかに違いがあります。工場では在庫する特殊鋼の種類は

少ないでしょうから、判別するには面白いほど極めて容易です。

1.12 ● 炉の種類と特徴

　炉は熱処理工場にはなくてならない装置です。炉は被熱処理品を加熱あるいは温度を保持する役割を持ちます。炉は大きく分けると、バッチ式炉と、連続式炉に分けることができます。バッチ式炉が理解できれば連続式炉は原理が同じだけで構造だけの違いになります。そこでまずバッチ式炉について解説しましょう。
　炉は加熱する機能が必要です。加熱のエネルギーに何を使用するかで、次のような種類に分けることができます。

・電気炉
・重油炉（あるいは灯油炉）
・ガス炉（コールガス、プロパンガス、ブタンガス、アセチレンガス）
・塩浴炉
・高周波炉

(1) 電気炉

　電気炉は抵抗線にニクロム線、炭化珪素材を使用しています。ニクロム線はNiとCrの合金ですが、その量比を変えて数種あります。汎用品は通常の連続使用で900℃まで、一過的には最高温度が約950℃程度まで使用できます。それ以上の温度で使用すると短期に寿命になり断線の原因になります。炭化珪素材はシリコニットなどという商品が普及しています。最高温度が1,200℃程度まで可能です。
　ニクロム線は安価で加工性に優れていますから、電気炉一般に多用しています。線の形状は線長当たりの発熱を多くするためにリボン、コイル、波状などに成形して炉内壁に取り付けます。線の断面積が大きい場合は単位面積当たりの発熱量が優れ、寿命に対しても優位差があります。ニクロム線は経年後に炉の内壁から脱落あるいは弛みなどが生じてきます。これは取り付け方法に優劣があるためで、炉を新規に導入する場合はその点の技術を評価すべきです。
　炭化珪素材は高価で塑性加工はできません。発熱量は大きく高温に耐えますが非常に脆いため、衝撃に注意する必要があります。

電気炉は熱処理工場で最も多く使用しています。使用の対象は高温の焼入れの加熱も可能ですが、焼入温度が抵抗線の耐熱温度に近いこともあり、寿命が短くなる欠点があります。そのため、比較的焼戻し用としての使用が多くなりがちです。

(2) 重油炉（灯油炉）

焼入炉は熱源の経費が安く、高温が得やすい重油炉または灯油炉を使用する機会が多くなります。ただし熱源の経費が安いだけでは炉の優劣は決められないのが炉の品質です。高温を得ることが1番の必要性ですが、炉の内部の温度分布が均一になることが次に重要です。重油炉や灯油炉はバーナー近傍を局部的に過熱することがあります。そうなればどうしても温度検出部の位置と、バーナー部の位置の温度に差が生じてきます。そこで、ファンなどを使用して、炉内の温度を均一にします（後述）。

重油炉や灯油炉は数カ所の位置で温度計測し、記録を確認しながらバーナーの燃焼制御を行うことが重要です。現在は自動制御で行われていますが基本の操作を確認しておくことが必要でしょう。

(3) ガス炉

ガス炉は重油や灯油に代替したガス燃料（コールガス、プロパンガス、ブタンガス、アセチレンガス）を使用し、排気ガスの清浄度に優れています。単位燃料当たりのカロリーも優れていますから、必ずしも経費が高くなるとは限りません。なかでも石炭を乾留する際に生じるコールガスは安価で高エネルギーです。ただしコークスの製造拠点に限定されますから一般的ではありません。

汎用的にはプロパンガスやブタンガスの使用が多くなります。ガス炉は重油炉と同じく高温が得られますが、温度分布を均一に制御することが炉の評価に繋がります。

(4) 塩浴炉

塩浴炉の熱源はさまざまで、古くは薪炊きをしていました。塩浴炉の下部から間接加熱しますが、中国など発展途上国では今なお行われています。最新式では電気加熱していますが、下部あるいは塩浴炉の下部や外壁を加熱する方法をやめて、塩浴炉内壁にシーズヒーター（ニクロム線）を取り付けて効率よく加熱して

います。

塩浴炉はむしろ塩による各部の腐食がありますから、ヒーターは防護対策の優劣で寿命に差異が生じます。

(5) 高周波炉

高周波炉は熱処理作業に応用することはほとんどありません。高周波の周波数が鋼内の誘導深さに影響しますから、表面焼入れに使用するだけです（高周波焼入れは後述）。

高周波炉は低周波を採用して鋼を溶解して鋳造する装置としての使用が多くなります。周波数は高周波焼入れではおよそ数kHz（キロヘルツ）以上です。

(6) ファン

炉内の温度を均一にする方法は種々あります。重油炉ではバーナーの取り付け位置、本数、バーナーの能力などを操作することもできます。対策として多く採用する方法は炉内を撹拌することです。重油炉だけでなく電気炉も同様に、炉外から電動機によって炉内に設置したファンを回転して炉内の空気を撹拌します。ファンは高温にさらされていますから、耐熱鋼（25 Ni 20 Cr など）を使用します。

ファンは耐熱鋼を使用しても経年劣化がありますから、定期的にバランスを確認し、割れや亀裂を観察しなければなりません。その場合は炉内に入って詳細を観察することになりますから重労働になりますがやむを得ません。定期的に観察すると寿命を推定することが可能になります。ブレイクダウンすると羽根が飛び炉内の製品に当たってお釈迦になることもありますから、前もって交換すること

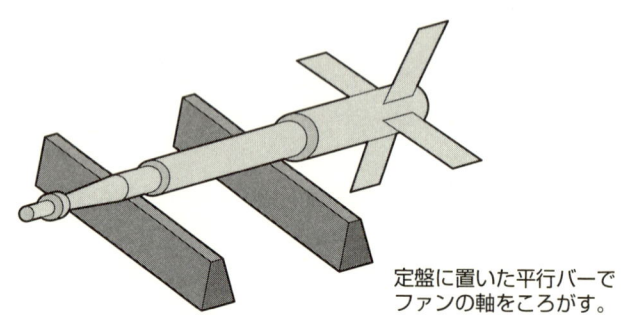

定盤に置いた平行バーで
ファンの軸をころがす。

図1.18　ファンの静バランスのとり方

が求められます。そのために寸法精度を確保して静バランスも検査した予備品を保有することが必要です。

　ファンの検査方法は軸を水平に渡した2本のバー上に静かに置いて転がすと、バランスがよいときは任意の位置で止まります（**図1.18**）。そうでないときは必ず決まった位置で止まりますから、重量のバランスが崩れていることになり、質量を加減して調整します。

第2章

焼なまし・焼ならし

2.1 ● 焼なましアラカルト

なますとは鈍です。益田鈍翁（本名、孝）という三井財閥の基礎を築いた明治の実業家がいます。鈍といいながら誠に切れ者であったそうです。

焼なましは鋼を鈍化するという熱処理です。その目的は次のようなものがあります。

・鋼を軟化する
・組織を粗大化する
・結晶粒を均一化する
・内部応力を解放する
・炭化物を球状化する
・合金元素などの偏析を減少する

目的に応じて焼なましの方法が変わります。最も総合的な方法が完全焼なましです。鋼をオーステナイト組織まで加熱して変態させ、結晶粒を調整して内部応力を解放したらできるだけそっと冷却します（**図2.1**）。

焼なまし温度までの加熱は、急激な上昇速度をとると加熱膨張に差異が出て引張応力による割れが発生することがあります。大物品や異形状品では加熱速度を検討すべきです。焼なまし温度までの間に、被熱処理品の内外の温度をできるだけ均一にする目的で、400℃、600℃など1～2カ所に階段（ステップ、一定温度

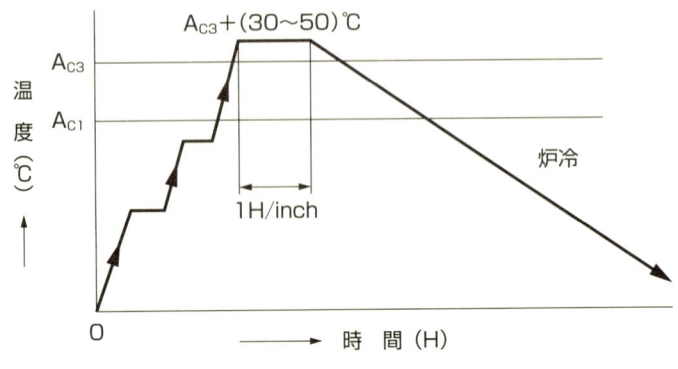

図2.1　完全焼なましの熱履歴

に保持する）を設けると効果があります。

　焼なまし温度では一定に保持する時間が必要です。それは加熱のときと同じく、被熱処理品の内外部の温度を一定にするためです。鋼の熱伝導を考慮し、炉の加熱能力を勘案して保持時間を決定しなければなりません。一般には肉厚がインチ厚さに対して60分を推奨しています。もし50mmの直径であったら2インチですから2時間保持しなければなりません。しかしすべての場合にこの時間を基準に保持するということではありません。上に述べたように熱処理工場によって条件がさまざまですから、自社に合う時間を決めてよいのです。ただしその加熱を行ったときは、被熱処理品を切断してその組織から確認する必要があります。この時間の長短は生産性に直接関係しますから、是非試験してください。

　完全焼なましの良否は冷却方法にあります。冷却の速度が速いと鋼の内外に温度差が生じ、そうなれば応力が生じます。被熱処理品は形状が不均一である場合もあり、冷却によっては温度差が生じて各部および内部に応力が発生しやすくなる場合があります。冷却速度を設定する試験も不可欠です。ただし炉への装入量によって炉冷の速度が変化します。装入するたびに個別にテストピースを追加して同時に装入しておき、切断して硬さの差異を調査することは可能です。焼きが入りやすい合金鋼などの場合には必須の試験です。

　多くの作業は焼なまし温度から自然に炉の冷却速度のままに任せるようです。これが炉冷です。この速度で異常がなければ結構です。炉冷は冷却始めの高温側では割合に早く温度降下します。重要な条件はこの上部域の温度降下の速度です。本来はこの温度範囲であるすなわち変態点付近をゆっくりしなければなりません。そこで重要な被熱処理品では冷却時にも階段状のステップを採用して冷却することがあります。要点は変態点付近では数段のステップを設定することです。

　低温度域になるとなかなか早く冷却できなくなります。もともと完全焼なましは1日仕事以上に時間がかかります。冷却時間だけで2日も要することはざらです。生産性が低下するどころか、焼なまし待ち品が多くなります。そこで対策としては、ある程度温度が降下したあと内部の被熱処理品を取り出して別の冷却場所に移設します。それは炉でなくてもよく、冷却速度が緩慢になる条件であれば使用できます。

　被熱処理品の大きさや形状にもよりますが、石灰を満たした冷却箱内に装入する方法は好都合です。そうすれば加熱した炉が空きますからすぐ次に使用でき、

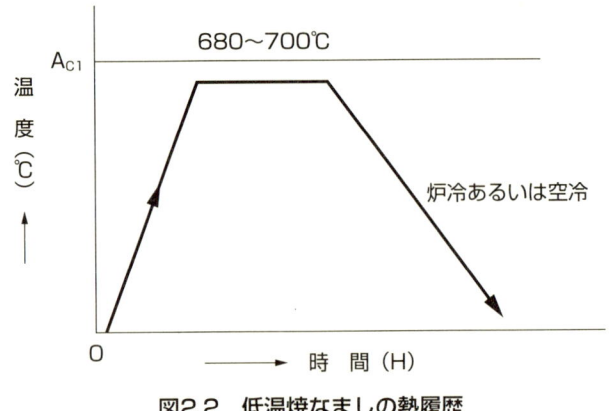

図2.2 低温焼なましの熱履歴

炉の回転がよくなります。このとき注意することは石灰が加熱してあり温度が高いことが必要です。

ときどき使用した冷却剤は藁で、それを積み重ねて燃焼した灰中に被焼なまし品を装入したものでした。すなわち焼き灰（藁灰）の中の焼き芋と同じ原理です。

もう1つは時間の短縮方法があります。それは冷却時の高温域の緩慢な冷却が終了したら（変態点以下になったとき）炉から取り出してしまいます。すでに変態域を通過して温度が降下していますから組織はオーステナイトではありません。よって冷却速度による硬化はありませんが、内部応力が発生するはずです。その後、低温焼なまし（応力除去焼なましともいう）を施工します（**図2.2**）。2段構えの完全焼なましを補完する方法です。低温焼なましが内部応力を解消しますから、全体としては時間が短縮されます。

このような種々の対策を採用して完全焼なましの総時間を短縮することができますが、完全焼なましは生産性、すなわち時間の短縮が必須です。

完全焼なましは完全というように効果は優れています。しかし欠点が大きいためにできるだけ代替えを考慮した方がいい場合があります。そのとき採用する方法が低温焼なましです。低温とは変態点を超えない温度に加熱して適正な時間に保持したあと、炉冷もしくは炉外に出して冷却します。炉冷の方が応力の発生が少なくなるのでお勧めします。

変態点以下ですから組織の変態はありません。完全焼なましに比較して結晶粒の大きさの調整や、粒の大きさを均一化することはできませんが、軟化や応力の

開放が充分にできます。加熱温度が低いので全体の操業時間が短縮でき、また、炉の回転率が大きくなります。

　焼なましする被熱処理品は種々の大きさや形状品があります。部分的に焼なましすると事足りる場合もあります。その場合、全体を炉に装入することは過剰で、部分的に焼なましすることも可能です。私は小物を部分的に焼なましするとき、火炎焼入れに使用するアセチレンガスを使って温度を目測しながら加熱し、その後徐々に炎を遠ざけて温度を降下させながら施工してよい結果を得ていました。部分焼なましの方法です。

2.2 ● 特殊な焼なまし

　焼なましには特殊な方法があります。完全焼なましや低温焼なましは一般的に行われますが、用途鋼用あるいは特別の処理には、特殊な方法を行います。

(1) 球状化焼なまし

　1つ目は球状化焼なましです。鋼はCを含有しています。含有量の過多によって基地に固溶する容易さが異なり、基地の硬さに差異が生じます。低炭素鋼では多くはFeに固溶しますが、0.8％を超えるほど過剰に含有したときはFeとの化合物（セメンタイト、Fe_3C：炭化物）量が多くなります。この化合物は鋼にC量が多く含有すればするほど多量に生成されます。

　セメンタイトはフェライト組織と一緒になり互いに積層した形状でパーライト組織を形成するほかに、単独で存在します。パーライト組織は軟らかいフェライトと、硬いセメンタイトが混合した組織と考えてよいのです。混合組織ですから平均すると総じてやや硬くなりますが、耐摩耗性を考慮すると軟らかいフェライト組織部分が摩耗しやすくなります。パーライト組織は大きさや層の厚さ、組織上の様態がさまざまです。

　一方セメンタイトは単独で非常に硬く脆い化合物です。3個のFeと1個のCの整数で化合していますが、このような整数比で化合してできた化合物を金属間化合物と称しています。セメンタイトはパーライト組織と同じように大きさ、分布などさまざまです。

FeにCを多量に含有した鋼は主に基地を硬くして耐摩耗性を得るためや、刃物、工具などに使用することが多くなります。もちろんこれらの鋼は焼入れして硬いマルテンサイト組織を併せて具備します。

　高炭素鋼は焼入れする前にセメンタイトやほかの合金炭化物を調整する必要があります。その目的は炭化物が耐摩耗性を大きく左右するからです。

　たとえば炭化物が大きいときと小さいときの耐摩耗を比較すると後者が勝ります。また、炭化物の形状が異形のときと、丸いときでは同じく後者が優れています。

　そこで高炭素鋼は炭化物を制御する必要が出てきます。炭化物の粒度は金属顕微鏡でやっと確認できるほど小さく、1ミクロン程度になるように製造しています。これは高度な技術です。炭化物の形状は丸くなるようにしなければなりませんし、同時に基地に満遍なく均一に分布する方が耐摩耗を寄与します。

　それでは製鋼後の鋼は炭化物をどのようにして丸く小さく均一に分布させるのでしょうか。その方法が球状化焼なましです。

　球状化焼なましは変態点の上下の温度域で加熱と冷却を繰り返します（**図2.3**）。上下の温度に繰り返すと変態点を行ったり来たりして、組織がその都度変態して変わりますから、結晶構造がそのたびに変化して炭化物の大きさが表面張力で次第に小さく丸くなる現象を生じるからです。

　球状化焼なましを1回施工するとすぐこのようになるかというとそんなに簡単ではありません。とくに合金元素で形成した炭化物はセメンタイトの炭化物より困難です。炭化物形成元素の各Cr炭化物、V炭化物、Mo炭化物などはそうです。

　製鋼メーカーは球状化焼なましを効率よく行いよい品質を得るために苦心し、独自の手法を確立しています。それらの方法は、たとえば、

・球状化焼なましの加熱冷却を数回繰り返す
・保持時間を短くして繰り返し回数を多くする
・変態点の上下の温度幅を大きくする
・球状化焼なましを1回行ったら炉冷して、またそれを2～3回繰り返す

などです。このようにして行った組織は丸い炭化物が1ミクロンと微細化し、基地に均一に分布する組織になる優秀な鋼です。

　球状化焼なましを行い炭化物を制御して使用する鋼は、耐摩耗を要求する高炭素鋼、切削用や金型用などの工具鋼、軸受鋼があります。

第2章 焼なまし・焼ならし

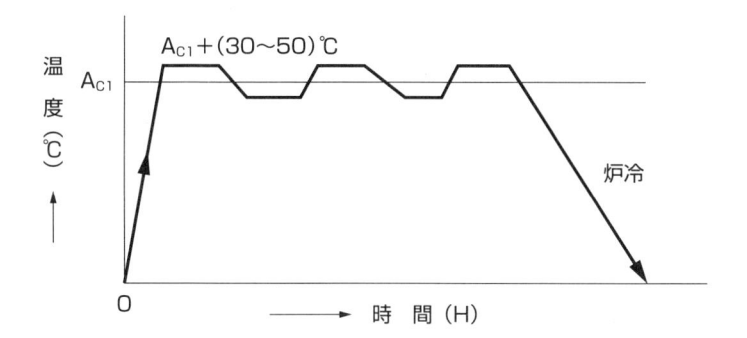

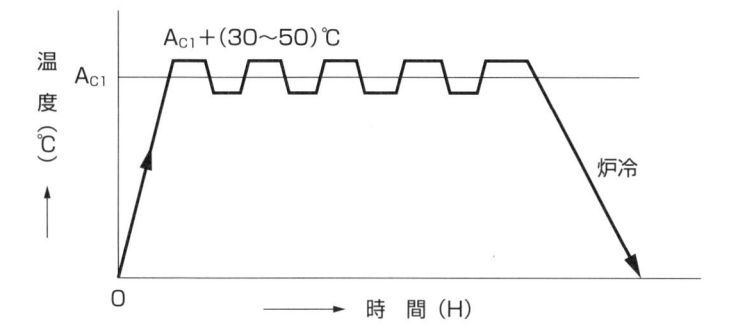

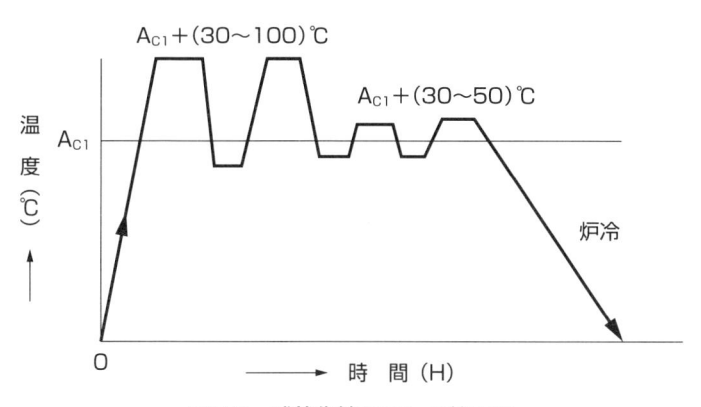

図2.3 球状化焼なましの熱履歴

球状化して炭化物を調整した鋼は機械加工などの工程を経て焼入れします。焼入れ後は150～200℃の低温焼戻しです。これは硬さを第1に考えるからです。焼入れでは短時間の加熱であるため炭化物の球状化は制御できません。焼なましにおける生まれで決まってしまいます。

自前の熱処理で球状化焼なましを行うことはもちろん可能です。温度の履歴は効果がある方法を試験して求めることができます。注意することは高温で加熱冷却を繰り返すため、高炭素鋼中のCを脱炭しないことです。脱炭はとくに最表面で生じやすいので炉内の雰囲気を還元性に調整するか、被熱処理品の表面にドライ粉（鋳鉄など高炭素材の切削屑）などで覆ってカバーする方法がよいでしょう。

(2) 均質化焼なまし

2つ目に均質化焼なましを紹介します。均質化焼なましは均質というように鋼の内部の組織を均質にします。それでは製鋼後の内部は均質ではないのでしょうか。鋼は製鋼後に分塊や圧延工程を経ますから、かなり内部が均一化してきています。しかし、鋼が各種の合金元素を含有すると、基地中になかなか均一に固溶することが困難になります。たとえばNiを含むと比重の差異もあり、鋼内の各種元素との親和性もあって部分部分に偏析が生じます。

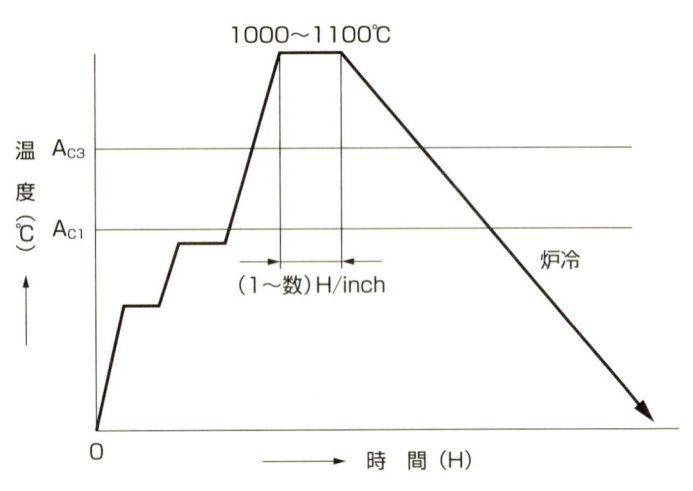

図2.4 均質化焼なましの熱履歴

鋼全体として均一でなければ、もともと発揮する機械的性質が低下してしまいます。そこでできるだけ内部の成分の組成を均一にするため、高温で焼なまします。

温度は1,000℃を超えて加熱し、保持時間は合金元素の固溶を促すためにインチ当たり数時間とることがあります（**図2.4**）。

こうして内部を均一にすることが均質焼なましですが、鋳造品は圧延などの塑性加工をしませんから、一般の鋼材に比較してより偏析が多くなります。鋳鉄やとくに高Niを含有する鋳鋼品などがそうです。

均質化焼なましは鋳造品に対しては必須の熱処理です。均質化は簡単に得られませんので数回繰り返すこともあります。

2.3 焼ならしの重要性

焼ならしは焼準と言ったり、現場ではノルマル（normalizing）と言ったりします。

焼ならしの目的は何でしょうか。鋼は常温から加熱していくと、723℃の変態点を超えたときに組織はフェライトとオーステナイトに変態します。そのとき結晶粒は今までと比較して少し小さくなり、完全にオーステナイト組織になってしまうまで次第に小さくなっていきます（**図2.5**）。結晶粒はA_{c3}を超えるときが最小になり、その温度を超えると今度は逆に大きく成長していきます。その現象が存在すると認識してください。

焼ならしを行う目的はこの現象を利用するものです。つまり、次の2つが目的です。

・結晶粒を微細化すること
・圧延など塑性変形した繊維組織を解消して標準化すること

このように焼ならしにより組織を調整すると、摩耗に対して優れた効果を示します。たとえば圧延したままで繊維状の組織が残存している場合、組織はフェライトとパーライトが圧延方向に流れていて、縞状になります（**図2.6**）。フェライト組織は軟らかいので、たとえパーライトがあってもこの部分が摩耗に対して弱くなります。要するにミクロ的に見ると、摩耗に弱い部分が繊維状に存在して

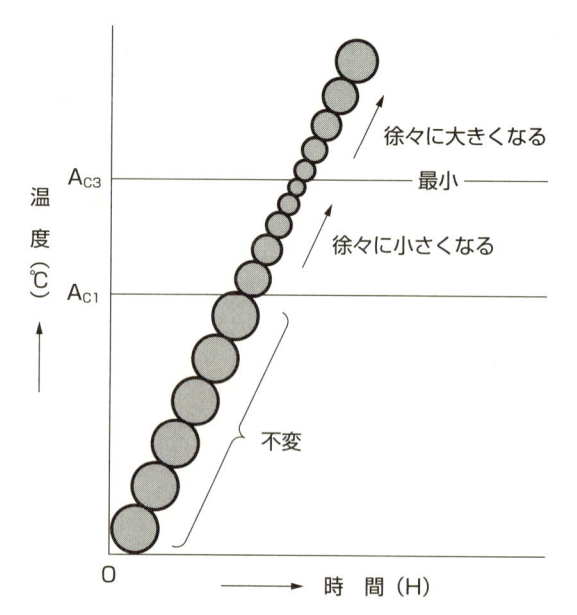

図2.5　鋼の加熱による結晶粒の変化

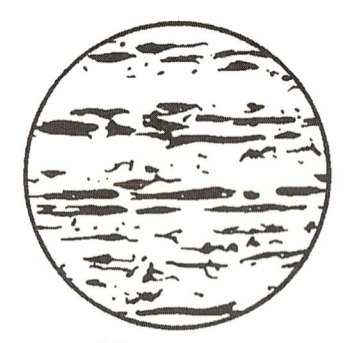

白地：フェライト
黒地：パーライト
　縞状組織
　（繊維組織）

圧延後の組織

白地：フェライト
黒地：パーライト

焼ならし後の組織

図2.6　焼ならしの組織

います。

　もし成分の組成が同じ鋼で、この組織が均一にミックスして、しかもそれぞれの粒度が小さくなれば総じて摩耗に効果があるはずです。組織をそのように変化させることが焼ならしですが、この処理を行った場合、実際に耐摩耗性に優れます。

　以下、いくつか例を示しましょう。

　鉱山で使用する炭車の車輪（直径500mm程度）を炭素鋼鋳鋼品SC 410（C量の指定はないが、およそ0.28％程度）で製造していました。設計上は鋳造後に機械加工して仕上げる図面指示でした。寸法検査が合格すると炭車の組立を行い完成車として鉱山会社に納入するか、あるいは交換用の予備品として付属していました。

　この状況は数年どころか、すでに10年あるいは20年も前から同じ製造工程でありましたし、まったく何の問題は生じていなかったのです。

　ところがあるとき客先からクレームが来ました。客先はそれまで実績を調査していましたし結果をときどき自社の営業に伝えていたようです。しかし営業は大きい問題ではないと判断して営業の範疇で処理していました。その処置とは予備品を追加してサービスする程度です。客先は話が一向に進展しないので、とうとうクレームとして問題を提示してきたのですが、その問題とは炭車の踏み面の摩耗が急速に進み、従来品と比較すると半分以下の寿命であるということでした。

　クレームを受けた設計部門は材料の研究部門に調査を依頼しました。調査内容は、成分分析、機械的試験、硬さ試験などです。同時に熱処理工場にもその情報が来ました。

　それぞれの結果が出揃った後に会議が開かれ熱処理部門から著者が出席しました。材料試験の結果を見ると、明らかに組織が緻密ではなく樹枝状晶（鋳込みのままの組織に現れるデンドライトと称する、**図2.7**）が現出し、焼ならしの熱処理した痕跡はありません。そう言えば、以前はかなり多量の鋳肌の炭車が焼ならしするために工場に流れてきていましたが、ここ数年は見かけないなあと感じました。

　工程を調査してわかったことですが、納期が間に合わないため、鋳込みのままで熱処理を省略して機械加工して仕上げていたことが変更されていた点でした。図面には焼ならしの指示もなかったのです。当時は当然、製造の判断で焼なまし

樹枝状晶のモデルを示し鋳造品であることがわかる

図2.7　樹枝状晶組織

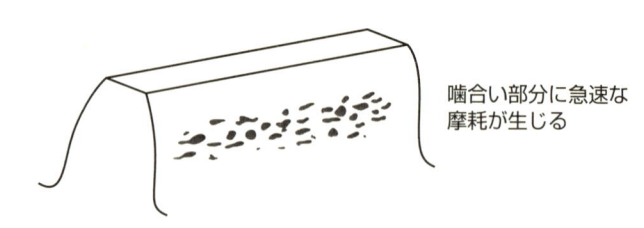

噛合い部分に急速な摩耗が生じる

図2.8　歯面のピッチング

を施工していたのですが、いつの間にかその工程がなくなり機械加工工程に進めてしまっていたのが原因でした。

　熱処理の有無で摩耗に大きい差異が出ることを設計者、鋳造工場などの関係者が再認識した事件でした。

　焼ならしの対象鋼は一般機械構造用炭素鋼が主です。合金鋼はありません。合金鋼は調質でその特性をもっと発揮できるからです。一般機械構造用炭素鋼では低炭素鋼が主な対象です。C量が多くなると焼ならし処理で基地の硬さが高くなり使用目的によっては不向きになることや、合金鋼と同じく調質する方法がとられます。

　焼ならしは炭車の車輪にも施工しているように鋳造品に多用します。大型の鋳造歯車などがその例で、歯車の歯面の耐摩耗に有効です。同じ経験ですが、鋳造歯車の焼ならしの有無で歯面のピッチング（摩耗の一種）が生じる時期に大きい差異が生じることもあります（**図2.8**）。

　一般機械構造用炭素鋼では前述したように低炭素鋼で製作使用する保安金物は

必ず焼ならししなければなりません。保安金物は連結部品のワンリンク、2連あるいは3連リンク、チェーン、吊り上げフレーム、フック、ボルトナット類などです。これらは最初から組織を標準化して使用しますが、経年後は内部に応力が蓄積しますし、部分的に加工硬化を生じます。

　定期的に分解して部品ごとに焼ならしを行うことによって応力を解放し、組織を標準化することは安全性を確保するだけでなく寿命を延ばすことができます。ただし、このような部品は焼ならしの際に表面部の脱炭や酸化を防止しなければなりません。焼ならしによって寸法が許容値に入らなくなると部品としての使用から外れます。

　脱炭や酸化防止のために行った対策は、当初は必要な重要箇所に錫メッキを施工したこともありました。その後は、浸炭防止剤を塗布して、乾燥した後に焼ならしすると酸化や脱炭を完全に防止できることも経験しました。小物部品では鉄板製の密閉ボックスに入れてダライ粉で覆い、箱ごとに装入して加熱することも有効でした。

2.4 ● 焼ならし作業

　焼ならしの基本的な作業は前項で説明したように、亜共析鋼の場合、A_{c3}変態点以上約30〜50℃の温度に加熱したあと保持し、炉から引き出して空気中で放冷します。

　亜共析鋼はC量が0.02〜0.8%の範囲に含有する鋼を言います。0.8%は共析鋼、0.8%を超えると過共析鋼です。焼ならしに供する鋼は亜共析鋼ですが、なかでもC量が少ない、およそ0.2〜0.35%Cの鋼が多くなります。

　A_{c3}点を超えて加熱する意味は、これも説明したように結晶粒度を最小にしたいためです。30〜50℃上に加熱する理由はA_{c3}点以上にするための安全策です（**図2.9**）。

　加熱は焼なましで説明したのと同じように、加熱中の割れや亀裂を防止しなければなりません。大物品のとき、あるいは異形状品では加熱による膨張差が部位によって生じますから、階段状の加熱が安全です。焼ならし後に割れが発生していたら、どの時点で生じたかを調査しなければなりません。多くはあいまいに保

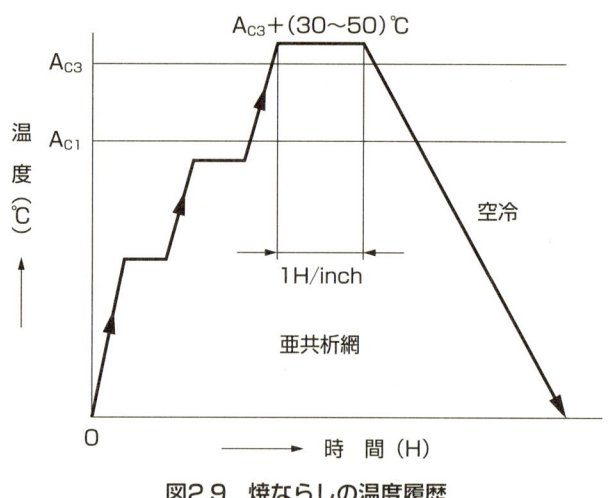

図2.9 焼ならしの温度履歴

持中や冷却中と判断しがちですが（とくに焼入れで起こりやすい）、加熱中の割れがあります。調査は割れの歯面を観察して酸化がひどければ加熱中であると判断できます。

　保持時間は焼なましと同じ考え方ですが、インチ当たり30分で充分です。焼なましではインチ当たり60分とりましたが、焼ならしでは結晶粒が成長しやすくなりますから、短縮できます。ただし組織がオーステナイトになっていることの確認試験をしておかなければなりません。

　焼ならしの上手下手は冷却の仕方で決まります。一般的な冷却方法は土質の土間に放置します。このときコンクリート土間では冷却速度が早くなるだけでなく、ゆくゆく土間に亀裂が生じてきます。

　放置と言っても処理品が積み重なったままであれば空気中の冷却効果がないばかりか、不均一な冷却になります。厳密には土間に放置したときに土間と接触した部分とそうでない部位でも冷却に差異が生じてきます。その対策のために、金網製のバスケットに入れたまま空中に吊り上げて冷却する工場もあります。

　空気中の冷却も季節や1日の時間帯あるいは気温などで大きく速度が左右されます。できるだけ一定の冷却速度を得るためには、ファンで風を起こす、すなわち衝風冷却が効果的です。

　焼ならし処理を行う製品の大きさは千差万別のため、当然、冷却速度に差異が

出ます。できればテストピースの直径を変えて衝風を含めた空気冷却を行い、冷却後の組織を観察するとミクロ的な組織の違いが明確になると考えられます。その結果を実際の作業に応用すべきです。

(1) 事例：ワンリンクの焼ならし

すでに紹介した保安金物（安全金物とも称します）のうち、ワンリンク（1連のリンク、**図2.10**）を焼ならししたときの試験結果です。

ワンリンクは機械構造用炭素鋼のS25Cです。製造は直径200mmのⓇ材を切断します。長さは鍛造方案で決めます。これを重油炉でおよそ1,200℃に加熱した後、マニピュレータで取り出して、明治初期にドイツから輸入して据えつけていた3トン能力のエアハンマーで鍛造します。本機は博物館行きの重要文化財にもなるような代物で、ほかに見ることのできない機械でした。このような機械がほかにも数基赤煉瓦造りの工場で活発に稼働している様子を今でも鮮やかに思い出すことができます（昭和50年初頭、自ら合理化を行って廃止した）。

鍛造は丸鋼をまず軸方向に立てて、円周方向に回転移動しながら数回叩き据え込みしていきます。所定の厚さになるように寸法を決めますが、この計測具は金尺でした。温度が降下しないうちに小判状に成型し、いったん終了し、再加熱のために炉に挿入します。何個も鍛造しているため、この作業を何度も繰り返します。再加熱が終わったら取り出して上面の2カ所に眼鏡状に穴をうがちます。鍛造品は下部に金物を敷いて隙間を空けておき、あらかじめ大きさを決めたポンチを上部から当てて、ハンマーで叩くとパンチングされて荒穴が明きます。荒鍛造はこの作業で終わり、おおよそのワンリンクの形状ができあがります。

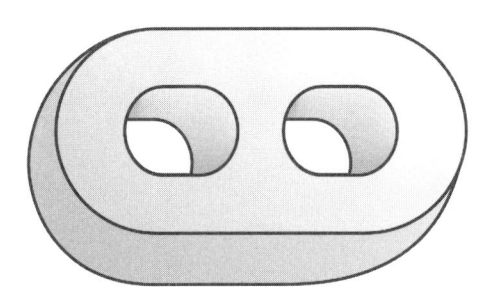

図2.10　ワンリンク

このワンリンクは次に精密に上下に分けて彫り抜かれた金型の間に装入して、上の金型上部からハンマーで叩くと、数回で精密鍛造されて寸法精度がよい綺麗なワンリンクができます。

ワンリンクの鍛造の話が長くなりましたが、こうして鍛造したワンリンクは熱処理工場で焼ならししました。ワンリンクの形状は平べったい小判状の面に眼鏡のように2カ所の穴があいています。冷却では、平たい形状のため、片方の面だけが土間に接して冷却されることになります。問題はこの状態で焼ならししたときに生じました。土間に接した面と、そうでない面の組織の差異が出たのです。土間に接触した面は結晶粒が比較して大きくなりました。すなわち冷却速度が遅くなり、空気冷却の効果が薄れたのです。

その対策ですが、ワンリンクは数が多く、1日に100個も搬入されてきます。炉への装入はせいぜい1ロットが20個程度になります。そのままでは炉の処理にも限界が出てきます。そこで専用のバスケットを形鋼で溶接して製作し、1個のバスケット中にワンリンクを横にして隙間を空けて並べました。1回で倍増する装入ができたのです。炉の加熱が終了するとバスケットごと引き出して衝風で冷却し、両面とも同じ速度で冷却できるようにしました。これで品質をクリアしました。バスケットはうまくいったため、交互に使用するように追加して製作しました。

(2) 事例：噴霧冷却

1個が5トンもある特大の大物品の焼ならしをしました。事前に冷却方法を種々検討した結果、水噴射による噴霧冷却に決定しました。長いパイプを10数本用意し、先端部分の長さ1mの間に穴をあけます。穴だけで1本につき100個はありました。

熱処理品を炉外に出して土間に放置し、周囲から長いパイプを差し出して水で噴霧冷却します。パイプには水とエアを同時に入れていますから結構な噴霧になります。こうすることで、土間に接した部分も含めて均一に冷却することができました。

第3章

焼入れ・焼戻し

3.1 ● 焼入れの原理と実際

　焼入れでは鋼を変態させて硬いマルテンサイト組織を得ます。具体的には鋼を加熱してA_{c3}点（亜共析鋼の場合、過共析鋼はA_{c1}点）を30～50℃超えて加熱しオーステナイトに変態します。30～50℃プラスする意味は前項と同じく確実性を得るためです。

　そのあとオーステナイトから急冷するとフェライトやパーライト組織に変態する間もなくFe–C状態図に現れないマルテンサイト組織が生じます。これが焼入れで、クェンチ（quenching）とも言います。

　マルテンサイトは状態図に現れるフェライトの体心立方格子や、オーステナイトの面心立方格子とはまったく異なる結晶構造になります。どちらかと言えば体心立方格子の1辺の長さが長くなったいびつな形です。

　焼入れの良否は冷却にあります。

　鋼は急冷するとA_{r1}点で変態します。記号のcは加熱時、rは温度降下を行うときの目印です。しかし急冷の速度によってはA_{c1}点が下がります。すなわち本来、A_{c1}の温度は723℃ですが、急冷の差異によってその温度より低い温度でもまだオーステナイトのまま存在して変態しません。これは過冷したオーステナイトと言い、この場合723℃以下で変態が行われます。A_{r1}点が降下する現象が生じるわけです。

　A_{r1}点の降下は冷却速度によって影響を受けます。それによって生じる組織にも違いが出ます。その差異を見てみましょう。焼入れを理解するうえでは重要な意味があります。

(1) 炉　冷

　焼なましでは加熱終了後の冷却を炉冷にしました。炉冷は遅い冷却速度で焼入れしたと考えればあり得ることです。A_{r1}点はわずかに723℃より低い温度になり、変態したときにはフェライトとパーライト組織になります。

(2) 空冷（空気中冷却）

　炉冷に比較するとなおA_{r1}点が下がり、600～650℃程度になり、その温度で変

態するわけです。現出する組織はパーライトですが、炉冷のときに生じるパーライトよりやや細かい組織です。この組織は炉冷のそれと区別してソルバイトとしています。この組織は金属顕微鏡で観察すると炉冷のパーライト組織とは明らかに違って見えます。

ソルバイト組織は本来パーライトと同じ組織ですが、より微細化していて硬くなり、靱性があります。

焼入れ時の空冷を考えましたが、結局この処理は焼ならしと同じです。焼ならし後に生じる組織がソルバイトになりますから、炉冷の焼なましより強さが強く、靱性が出ることになります。

(3) 油 冷

焼入れは後述する種々の冷却剤を使用します。冷却剤の種類により冷却速度の差異があります。ここでは冷却油に焼入れした油冷の速度で考えてみましょう。

油冷すると A_{r1} 点は500℃近傍まで低下し、この温度で変態します。炉冷と比較するとかなりの過冷になります。焼入れしたとき500℃まではオーステナイト組織のままであることを認識してください。

500℃に至るとオーステナイトはパーライトに変態します。しかし、空冷時はソルバイトに変態したように、油冷では空冷より速度が早いためにソルバイトよりもっと微細なパーライトのトルースタイトが生じます。

トルースタイトもソルバイトも本来はパーライトと同じ組織で、フェライトとセメンタイトが混合した層状組織です。その違いは組織の大きさにあります。トルースタイト組織はソルバイトよりさらに硬く靱性が勝ります。

油冷による焼入れは500℃でトルースタイト変態しますが、これで終了したわけではありません。温度が降下していき、200℃付近（鋼中のC含有量によって差異が出る）になるとトルースタイトへの変態が止まり、替わりにマルテンサイト組織が生じます。ここで初めて状態図に見えない不安定な組織が現出します（状態図はすべて安定した組織を示す）。

(4) 水 冷

油冷に替えて冷却速度が早い水で冷却するとどうなるでしょうか。

A_{r1} 点はさらに下がりそうですが、トルースタイトもソルバイトも現われてき

ません。オーステナイトは200℃近傍でマルテンサイト組織に変態します。しかし、理論上、オーステナイト組織がすべて変態するわけではありません。過冷により変態できずそのままの組織が残ってしまいます。これが残留オーステナイト組織です。オーステナイト組織は状態図からわかるように常温では存在しない組織ですから極めて不安定です。

焼入れ時の冷却速度の差異によって変態する温度、組織がさまざまに変化することがわかりました。これを試験片の長さの変化で表した図を示します（**図3.1**）。またパーライト、ソルバイトなど各組織の現出と冷却速度の関係を示して臨界冷却速度を図に表すことができます（**図3.2**）。

焼入れではオーステナイトをすべて確実にマルテンサイト組織に変態すること

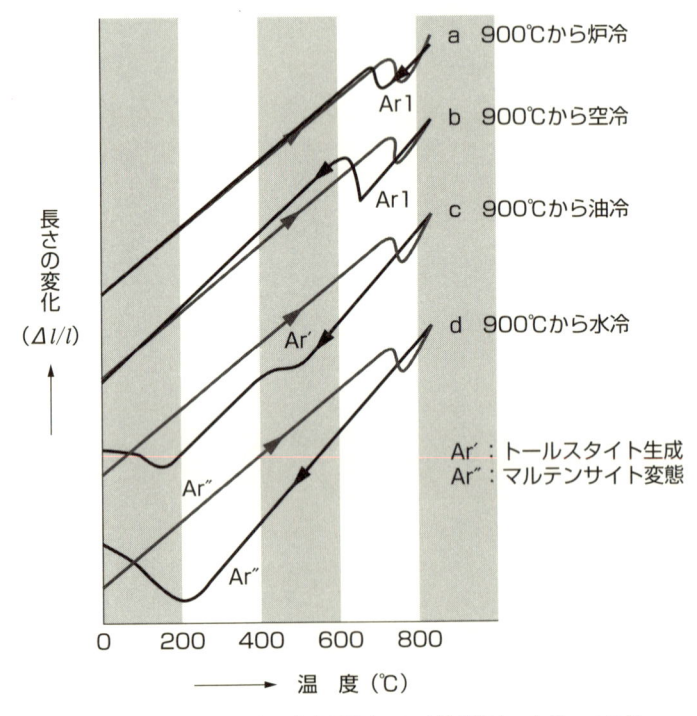

出典：「鉄鋼材料便覧」日本金属学会、日本鉄鋼協会、丸善、1992年

図3.1　冷却速度の違いによる長さの変化
（A_{r1}点の降下）

第3章 焼入れ・焼戻し

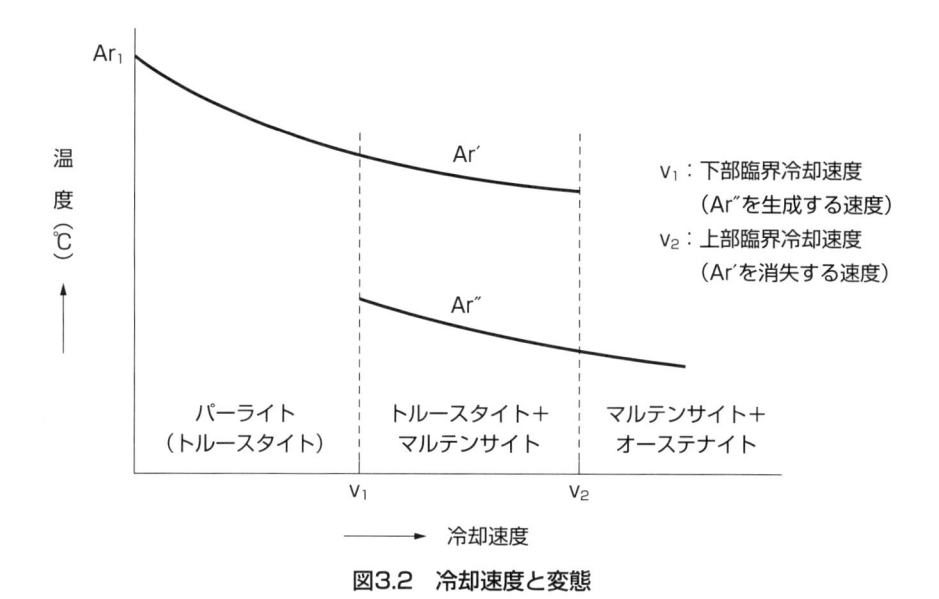

図3.2 冷却速度と変態

縦軸：温度（℃）
横軸：冷却速度

- v_1：下部臨界冷却速度（Ar″を生成する速度）
- v_2：上部臨界冷却速度（Ar′を消失する速度）

領域区分：
- パーライト（トルースタイト）
- トルースタイト＋マルテンサイト
- マルテンサイト＋オーステナイト

が有効です。焼入れ方法としては、まずA_{r1}点の変態をストップすることです。すなわちパーライト、ソルバイト、トルースタイトの各組織の現出を防ぐ必要があります。そのためには500℃近傍までの温度降下をすばやく行うことです。そうすればA_{r1}点の変態であるパーライト変態がなくなります。

次に500℃以下の200℃近傍で変態するマルテンサイト組織を徐々に析出させます。200℃としないで近傍とした理由は、鋼中のC量の差異によって変化するためです。後述しますが、C量が多くなると200℃という温度はより下方に低下するためです。さらに徐々にという意味は、マルテンサイト組織がいびつな結晶体であり、同じ温度で安定的に生じるフェライトやパーライト組織と比較すると体積が大きくなるためです。そのため急激にマルテンサイト組織が生じると部位ごとの体積膨張差により、焼入品の内部に応力が発生して外部の寸法の変化、変形、割れや亀裂に至ることがあるからです。

3.2 ● 焼入れの種類①

　パーライト組織はフェライトとセンメンタイトが混合して層状あるいは縞状の綺麗な組織を示します。パーライトとは真珠のパールからきた語源です。一方、マルテンサイト組織はとげとげしく針状の形状で非常に硬くなります。金属顕微鏡で観察する（方法は後述）と、倍率が100倍でも容易に確認することができます。

　マルテンサイト変態は理論で述べたように、
　①オーステナイト（γ-Fe という）がパーライト（α-Fe）に変態するステップ
　②パーライトからマルテンサイトに変態するステップ
からなります。

　①の変態は急速です。一方②のステップは徐々に行われます。その理由はマルテンサイト変態がCを拡散させる必要があるためで時間がかかります。その過程はCがパーライトに過剰に飽和して極めて不安定な組織であるマルテンサイトに変態します。

　マルテンサイトに変態する温度は鋼中のC量によって変わることを述べました。それではC量に差がある各鋼は何度で変態するのでしょうか。それを**図3.3**に示します。マルテンサイト変態し始める温度をMs、終了温度がMfです。sはスタートで、fは終了の意味です。この図からわかることは、マルテンサイト変態がある温度ゾーンの間で行われるということです。MsからMf間はマルテン

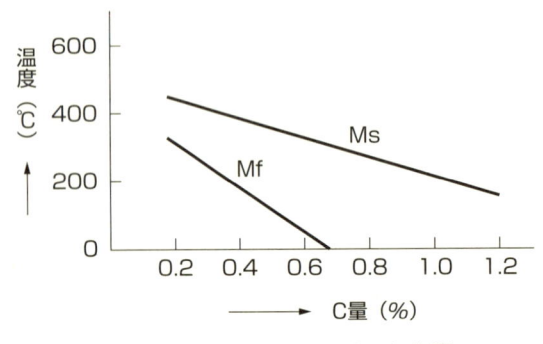

図3.3　C量とマルテンサイト変態

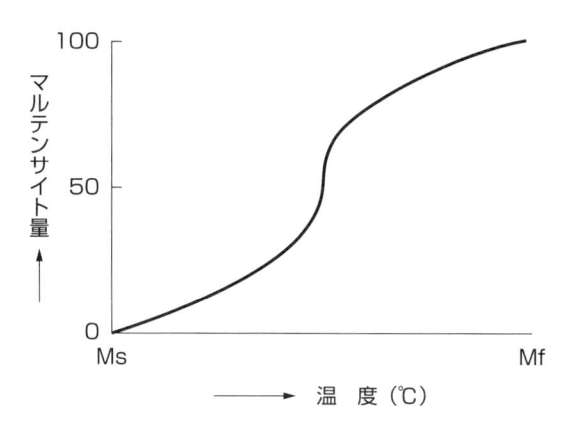

図3.4　マルテンサイト変態の温度依存性

サイト生成量が直線的な比例ではなく、中間の温度域では変態量が多くなることも理解できます。この関係をマルテンサイト変態が温度だけで決定されてしまう、すなわちマルテンサイト変態は唯一、温度だけに依存（温度依存性）しているということになります。温度だけに依存するという意味はほかの条件に左右されず、温度の降下をとめたら変態は進まなくなり、変態が温度降下とともに進行することがわかります。マルテンサイト変態が温度依存性をもつ関係を**図3.4**に示します。

　C量とMs線およびMf線は勾配を持っていますから、鋼種によって変態温度が異なることになります。すなわち低炭素鋼は高い温度からマルテンサイト変態が始まり、終了も高い温度です。一方、高炭素鋼は変態が低い温度で始まり、終了も常温以下で終了するはずです。そうなればどのようなことが起こるでしょうか。

　高炭素鋼は焼入れしたとき、室温がMf点より高いから変態が終了しないままになります。変態が進まないことは、オーステナイトがそのまま残ることになり、これが未変態の残留オーステナイトという不安定な組織となります。

　残留オーステナイト組織は、経年とともにいずれは安定なパーライトなどに変態しようとします。そうなれば硬さは低いままですし、寸法上の変化が生じます。精密品にすると悪い影響を与えてしまいます。残留オーステナイトが現出する条件はMf点が低いだけではありません。ほかにもいくつかの要因があります。それは、

・焼入温度が適性温度より高いとき
　・オーステナイト形成元素を多量に含有するとき
があります。

　焼入温度が高い場合は、結晶粒の成長が生じていますし、オーステナイトが高温で安定です。そのときは残留オーステナイトが生じやすくなります。

　次にオーステナイト形成元素は Ni や Mn があります。これらの元素は高温のオーステナイト領域を拡大します。A_{r3}点やA_{r1}点も降下します。これらの変態点が降下することは、焼入温度が上昇することになり、オーステナイトが安定化します。Ni や Mn の含有量が多いときは、焼入温度を低く設定した条件にしなければなりません。

　種々の対策を行っても残留オーステナイトが生じたとき、別の方法でマルテンサイト変態を進めておくべきです。そのためには焼入れした後、さらに冷却して温度を下げなければなりません。完全に変態するためには Mf 点以下にすべきです。とくに高炭素鋼では Mf 点が低くなり残留オーステナイトが析出しやすいので必要な処理です。

　この方法はサブゼロ処理（深冷処理）と言います。サブ、すなわち 0 ℃以下で処理するという意味です。

　実際の方法は簡単で、ドライアイスをエチルアルコールに放り込むと−80℃程度になりますから、焼入品をその中に入れて変態を進めます。ほかには炭酸ガスを使用し焼入品を入れた密閉容器中に放出すると温度が下がり同じ効果を得ることができます。工場では後者の方法を採用することが多くなります。

　大がかりに行う場合は、液体酸素あるいは液体窒素を使用します。これは−180℃まで下げることが可能です。超サブゼロと言いますが、Mf 以下にしても効果はありません。

　高炭素鋼は焼入れして硬さを最高に出して耐摩耗性を得るために行いますが、反して残留オーステナイトが存在しやすくなります。そのままであれば後々不安定な鋼になります。この現象が経年変化して変態する時効です。あとでマルテンサイトに変態すると、膨張して寸法が変化するため精密品にとっては不都合です。

　サブゼロ処理してマルテンサイトに変態したら焼入れ後に必ず焼戻しするように、同じく焼戻しておかなければなりません。

　鋼は焼入れすると硬くなりますが、C 量を多く含有する鋼であればあるほど高

図3.5 C量と焼入硬さ

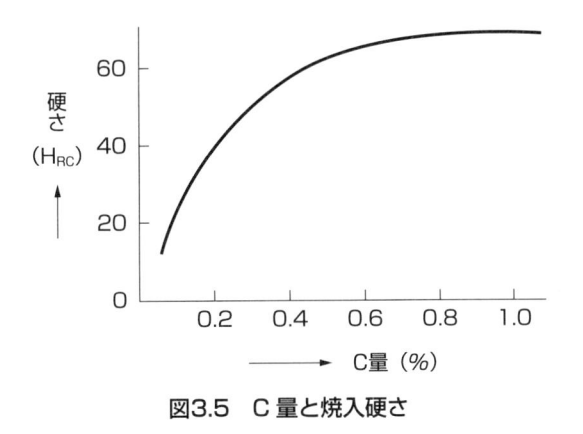

い硬さを得ることができます。縦軸に硬さ、横軸にC量を表して、C量の異なる鋼を焼入れした硬さを曲線で示します（**図3.5**）。

　もともと鋼はC量が多くなればセメンタイト量が増加して基地が硬くなりますが、焼入れしたときも同様な傾向で硬さが高くなります。ただし、鋼の最大C量である2.06%まで硬くなるわけではありません。C量がおよそ共析鋼である0.8%までは次第に増加しますが、それ以上C量を増やしても著しい上昇は望めません。このため高炭素鋼と言っても1.2～1.4%程度までの含有を最大にして使用しています。

3.3 ● 焼入れの種類②

　焼入れは厳しい作業です。高温に加熱して炉から取り出し、熱にさらされながら冷却剤に投入する一連の動作は余裕を与えません。すべて温度の変化との勝負だからです。完全に自動化した炉、あるいは半自動で加熱から冷却までの被熱処理品の搬送が機械化した装置であれば苦労はありません。

　熱処理で最も厳しい作業は解放炉で、しかもバッチ式で一品物を処理する工場形態では気を抜くことができません。焼入作業のチェックポイントをあげてみます。

　①焼入品は作業前にチェックをします。被焼入品の員数、1個の重量、割れや亀裂、キズがないかなどの外観検査を行います。必要があれば焼なましが充分に

なされているか硬さを測定します。

②焼入れまでの工程が間違いないかどうかを検査します。図面との相違も調べます。

③仕上げた部分を焼入れしても、寸法や表面の粗さ確保のために問題が生じないかを調べます。

④焼入品は炉中へ入れる個数、あるいは重量を考えます。炉内容積と加熱能力に関係があるからです。

⑤焼入品の炉中の姿勢あるいは装入方法を考えます。加熱中にたわみや曲がりが生じることを防止するためです。

⑥必要があればバスケットを選定します。新たなバスケットを製作することもあります。

⑦装入後は加熱時間を決定し、予定通りに温度が上昇しているかチェックします。

⑧炉中で所定の焼入温度に加熱されたか、保持時間は適性であるか温度記録計で確かめ、取り出しの準備をします。

⑨焼入剤の槽の温度を確かめ(事前に設定して合わせておく)、撹拌します。

⑩炉から取り出します。作業は温度降下しないように素早く行い、冷却槽に投入します。

⑪冷却中の振動や音を確かめ、引き上げ時期を待ちます。とくに冬場は冷やしきらないようにわずかな温度を残して引き上げます。

⑫焼入れが終了したらバスケット中の状態を確かめて、硬さ測定をします。

焼入れの実際はもっと細かい作業が付随しますが、おおまかな流れは以上の通りです。

熱処理工場の設備は従来から使用してきた経緯や熱処理品の違い、メーカー内の工場あるいは賃加工業などの形態でかなり変わりますから一概にはいえません。

学校の授業の一環で、学生は実験の最初にＳ５０Ｃ材の直径16mm丸鋼をヤスリで８角形に削り上げ、先端部を尖るように勾配をつけてポンチを製作します。ここまで週３時間で２週間かかりますが、３週目に先端部をアセチレンバーナーで局部加熱して焼入れします(**図3.6**)。表面焼入れ(火炎焼入れ)です。焼入れは水冷したらすぐ引き上げますが、このときの温度はまだ100℃を超えています。熱が復熱して焼戻しを兼ねることを期待しています。引き上げたときには表

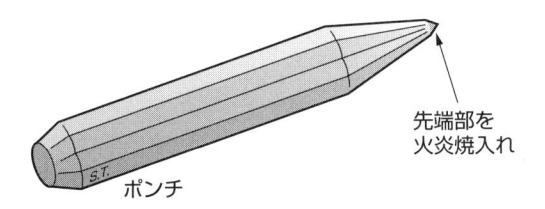

図3.6　ポンチの製作

面の色が変わります。色が青くなるようであれば引き上げが早く復熱温度が高くなり、ちょうどよい色はきつね色です。この頃合いがなかなか初心者には難しいようです。

　ポンチの焼入れが終了したら、先端とその勾配部をペーパーで磨きをかけて、私有の刻印を打って完成となります。学生は自分で作ったポンチをいつまでも大事にするようです。

　焼入れで重要なことは感性です。焼入品の側に立って現在の加熱状態、焼入れしたときの冷却過程を想像することは極めて重要です。そのように考えると問題発生を予測することができると思います。焼入れしても何らの想像も湧かず、ぼんやりしていたら仕損じすることは目に見えています。

　たとえば焼入れ直後の状態です。焼入れされた製品は投入直後、冷却剤が水であれば水中にまだ赤みが見えます。すぐ赤みが消えたと思ったら今度は大きい振動、音が発生します。場合によっては冷却剤の水が沸騰するほど上面に盛り上がってきます。泡もたくさん出ます。そうなると、冷却剤の撹拌が必要になってきます。

　音や振動は焼入れによって温度が降下していく過程で必ず生じますし、発生の時期で温度を推定することができます。この段階については後述します。

　しばらくすると今まで盛んに踊っていた冷却剤の状態が静まり、わずかにゆっくりした対流が上面に生じてきます。この時期はマルテンサイト変態が進行しています。水槽の撹拌もやめてよい時期です。ほどなく対流が少なくなれば、焼入品を冷却槽から引き上げます。引き上げの時期は焼入品の表面の水分が乾く程度の時期です。冷却剤が油であれば少し油が焼ける状態になりますが、油を切るために槽上で一時仮置きします。この間も温度降下とともにマルテンサイト変態は進行しているはずです。

　遊びや必要性に応じて、子供時代にいくつかの焼入れをした経験があります。

縫針から釣針を作るために、まず蝋燭の火を使って、針を焼なましします。針で作る釣針は、曲げただけで逆さ鉤部がないため、魚が釣れてもすぐ落ちます。しかし実際はこれが目的でした。

　逆さ鉤がない釣針は川魚のハエを釣るとき、手元に引き寄せて袋に入れた瞬間に口からすぐ取れます。そのタイミングには経験と勘が必要ですが、手で外すことがなく簡単になるのです。釣れたときに引き寄せて袋に落とすタイミングを身につけると、楽に釣りができるようになります。そのように売られていない釣針を大小の縫針を使って何十本も手製で作り、友達にも得意になって分けてあげたことがありました。

　以下の遊びは絶対にしてはならないことですから、それを承知で読んでください。子供の頃、家にある大きな釘といえば5寸釘くらいでした。これを鉄道の線路上に並べます。そして、汽車が通過するのを待って、ぺっちゃんこになっている釘を拾います。これをハンマーで叩き砥石で成形します。そうすると、立派な小刀になります（**図3.7**）。

　これを竈で加熱して焼入れしました。しかし切れ味はよくなく、すぐ摩耗してしまいました。釘が軟鋼（低炭素の鋼、なまくらと言っていた）だったためです。あとで対策をとる（後述の浸炭）ことになりますが、当時は子供が知るはずはありませんでした。

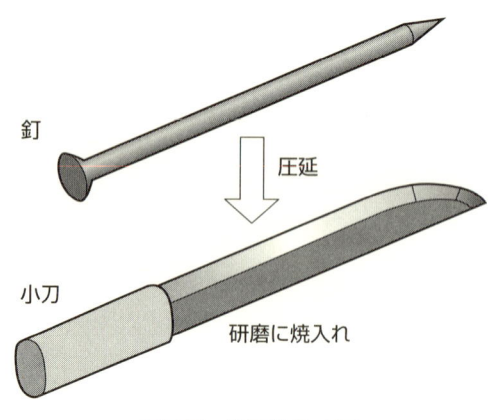

図3.7　釘で作る小刀

3.4 ● 焼入れの種類③

(1) 刀の焼入れ

　日本刀の焼入れは荘厳です。学生実験の非常勤講師として地元近郊の歴史ある刀鍛冶Ｍ氏に来ていただきました。Ｍ氏は刀を献上されたこともある有名な方でしたが、数年前に残念ながら若くして亡くなりました。

　氏の鍛冶場に数回お邪魔したことがあります。同じ材料と熱処理を専門にしていましたから話はよくわかり、微に入り細に入りでノウハウをたくさんいただきました。

　和鉄の原料である砂鉄は熊本県内では菊池川水系、球磨川水系の上流、南部では芦北地区で採取されます。国内では安来など超有名地をはじめとして各地で採取できますが、砂鉄は地域によって成分と組成が異なります。Ti（チタン）含有の有無はできあがった刀の性質に大きく影響するようです。

　最近は火を使用する機会も少なくなり、竈や、七輪も見かけることがなくなりました。せいぜいバーベキューで木炭を使用する程度です。しかし、木炭だけをとっても種類がさまざまで、和鉄造りには備長炭ではなく松の炭が必須です。できあがった和鉄を挟み込んで何度も鍛えて不純物を絞り、鍛錬していく様子を拝見していると、素晴らしい切れ味の日本刀になる気配がしました。実際にできあがった形を見ると、厚み、幅、反りともバランスが取れています。手作業だけでこの形状に仕上げる熟練の技術に感心させられます。

　次はいよいよ焼入れです。Ｍ氏は俗界から遮断した場所を作るため、注連縄(しめなわ)で鍛冶場を囲み、その中で、ちょうど大相撲の行司が着るような白の綿の着物を着ていました。刀素材を炉に装入して鞴(ふいご)で風を激しく起こします。真っ赤に燃え上がった炎の中に追加して木炭を投入します。青白い炎が立ち、反射熱で顔が赤らみます。15分も経ったころ氏は刀身を引き出して垂直に立て、色合いを見ます。先や手元の色合いにまだ違いがあります。木炭の投入、鞴の操作、頻繁に色の観測を繰り返して、見た目にも温度が読み取れて刀身全体に渡って均一な火色になりました。焼入れ時期です。水槽は刀の長さが収まる長い槽です。水は静止しています。

氏は刀身を引き出して一瞬火色を確認し、１〜２秒の後に刃を下にして、やや刃先の方から全体を投入します。ザァーツという音がして水面が騒ぎ、ぐらぐらと泡が出てきます。振動はまもなく治まり、水も静かになったとき、氏は刀身を引き出しました。まだ温度は高いようです。私の直感では100℃を超えています。表面の水気はすぐなくなって乾き、復熱しています。わずかに黄色味が出始めたように感じたとき、氏は再度刀身を水に浸漬し、完冷しました。これが焼戻しでしょう。水から引き出した刀は鈍い色をして精悍に見えました。もうこのままでも切れ味がよいように引き締まっています。

　日本刀の焼入れは特殊で伝統の技術であるし、なかなか見学できるような機会はありません。しかし、もしそのチャンスがあったら是非１度経験してください。一種の儀式であるし、魂を打ち込む渾身の想いが凝縮されている匠の技です。

　私が行った素人の小刀造りをご紹介しましょう。刀は鋼の中身で切れ味が左右され、焼入れによって切れ味が決定すると思います。そのため、小刀にする素材をいろいろ検討した結果、ヤスリを使うことにしました（**図3.8**）。ヤスリは平の荒ヤスリで300mmの長さです。ヤスリは良質の炭素工具鋼で製造されていますから高炭素鋼ですし、ヤスリの目が潰れた使い古しを譲ってもらいました。

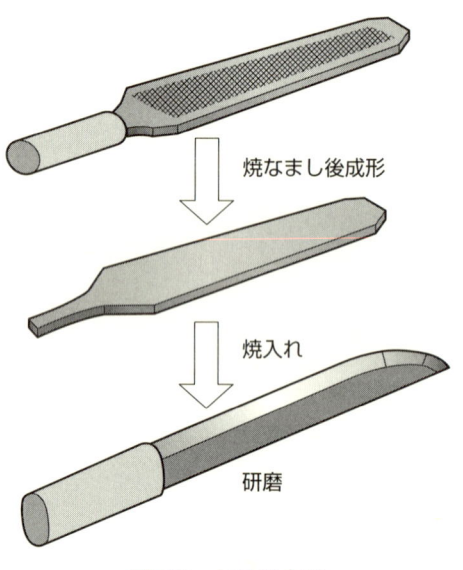

図3.8　ヤスリ小刀

製作の工程です。まず炉中で焼なましを行い充分に軟化します。その後はグラインダーで少しずつ形状を整えます。先尖りで少し反りを入れるため長さ中央の背側をグラインダーで削り込み、その分先と手元部分の幅を刃側から追い込みました。これで反りが出ます。平面は刃側を両方向から削り込んで行きます。こうして形は立派な小刀ができました。さらに続けて荒ヤスリと、グラインダーを使用して細かい形を整え、最終的には荒砥石で正確に寸法を確保しました。

いよいよ焼入れです。グラインダーで修正しているときに火花が発生しますから、およそのC量はわかっています。刃部に脱炭と酸化防止のために薄く粘土を塗ります。炉中で焼入温度830℃に加熱して手操作して油焼入れです。硬さはショア硬さ計で計測し、Hs 80が出ました。充分に硬さを確保しています。焼戻しは180℃で処理しました。柄をつけて仕上げ砥石で研磨し、試し切りしたら素晴らしい切れ味でした。ヤスリは炭素工具鋼として良質な材質ですから、小刀としてよいものにできあがりました。

(2) 大物品の焼入れ

製鉄工場でヤードに山積みした石炭や鉱石を掻き取るときには、1個が数リューベの容積を持つバスケットを周囲に6～8個装着したホイルを回転します。その中心には軸があり、バスケットを放射状に支えています。軸は鋼種が溶接構造用鋳鋼 SCW 450で、大きさは最大経が1,500mm、重量4トンあります。この大きな軸の焼入れを行うことになりました。

鋳造後均質焼なまし施工、その後焼入れ焼戻しの調質です。本鋼はC量の規定が0.22%以下ですが、実際は0.2%を目標に製鋼していましたし、実際にレードル分析（取り鍋分析と言い、出鋼直前に溶湯を分析する）では合っていました。

C量は少ないので調質をしても効果が少ないと考えられがちです。しかし、そこは読みがあって、本来なら焼ならしするところですが大物品のために、水冷却して焼ならし、続いて安全のために焼戻しをして効果を増すという手段をとりました。この方法を決定するときには、事前に熱処理技術者と設計者の間で打ち合わせをしていました。

重油炉で加熱し温度を保持したまではよかったのですが、台車ごと炉外に引き出して、製品を遠方の周囲から長いバーを操作しながらチェーンで巻きます。チェーンの重さだけでも数十kgはありますから、耐熱服と耐熱面の内部に汗が滴

り落ちます。やっとチェーンを上で待機しているフックにかけて製品を吊り上げたときは、すでに温度がやや降下して800℃を切るぐらいになっていました。滑り込みセーフです。大型水槽に投入したときは落雷か、地震が起きたようなすごい地鳴りがします。予行演習はしていましたが、大物品の熱処理は気が抜けません。片付けするときはもう暗く、へとへとに疲れてしまいました。

3.5 ● 焼入れ用冷却剤

　焼入れ用の冷却剤はまず水です。安くてどこでもありますし、用意に使用できます。使い方を間違わなければ管理もしやすいと思います。一般に冷却剤に必要な管理項目は、次のものがあります。
　・冷却剤の温度
　・冷却剤の異物混入防止
　・冷却剤の撹拌
　・冷却剤の品質や寿命

(1) 水槽と油槽での冷却

　水を例にとりますと、水の温度は15℃が基本です。冷たすぎても冷却効果は悪くなります。異物混入として、石鹸が混入すると冷却が劣化します。また塩分（塩）が混入すると冷却が大きくなります。この性質を利用することも可能です。
　冷却剤は槽に入れて使用し管理します。実際に土間を切り、深く穴を掘って水溜まりをつくったこともあります。これが土間を利用した水槽です。その穴の半分に鉄板製の槽を収めて焼入油を入れました。これで水槽と油槽の完成です。
　冷却剤の撹拌は種々の方法が考えられます。当初は、水槽の下部からエアーを吹き上げて撹拌していましたが、泡が焼入品に接触して焼きムラが生じたのでこの方法はやめました。代わりに下部にインペラを取り付けて上部のモーターで回転しました。この方法はよい効果が出ましたので油槽も同様な機構に設定しました。
　もっとよい方法は冷却剤を上面部から電動ポンプで吸い上げて下部に押し出す方法です。ジェットの水流や油流が下部から縦方向に立つので、焼入時の変形や

曲がりが少なくなる効果があります。試験の結果は良好でしたが、設備費が高くなります。このように、冷却剤の撹拌だけでも種々検討する必要があります。

冷却剤の品質や寿命については疎かにせず、よく管理をしなければなりません。水槽や油槽には製品の酸化スケールが落下して堆積します。定期的に除去しなければなりません。掃除の際に過去紛失した製品が出てくることも稀ではありません。水の品質はいつも入れ替えて清浄を保つことです。温度計測も必要で、水の入れ替えは温度の制御になります。周囲には異物が混入しないように配慮すべきです。塩分を利用する焼入れは極めてよい効果がありますが、焼入れ後の製品が急速に錆びますから有用ではありません。

油槽では油質を定期的に分析しなければなりません。依頼すると購入先が実施してくれます。管理項目を決めて推移を見守りますが、指標の基準を超えるときは一括入れ替えにします。油の温度は水と違ってやや温度を高くします。油種によってその値は種々です。おおむね普通の常温用の油は50℃程度です。

油槽の周囲を水で冷却する構造では、冷却し過ぎることがあります。そのようなときはほかの不要な材料を一端焼入れして温度を高める工夫も必要です。

(2) 焼入剤の良否

焼入れ用の油種は植物性と鉱物性に区分できます。後者は種々の市販品が出回っていて温度の仕様も選択できます。植物用と比較して寿命も長く総じて安価ですから、汎用的に使用されています。とくに高温で焼入れするときには高温用の焼入油は有効です。

植物油は菜種油、ひまし油が使われています。前者は白絞油とも言います。菜種油やひまし油が使用される理由は、割合に安価で大量に市販されていて、焼入時の冷却性能がよいためです。

学生時代は実験室内に置かれた菜種油を使って、近所の庭から失敬した野菜を天ぷらにして食べていました。焼入性の卒業研究をしていましたが、炉を操作しているとどうしても夜半になり、腹も空くからです。さらにエチルアルコールを水で薄めて焼酎代わりに飲んでいました。先生は戸棚の瓶の中のエチルがなくなっていくのを見ていましたが、実験が進んでいると理解してくださったのか、大目にみていただいたように思います。

あるとき間違って使い古しの菜種油を使って天ぷらをしました。その夜はみん

な腹が痛んだそうです。でも鉄分は取れたでしょうが……。

　ひまし油は強烈な冷却効果があります。試験の結果も1番でした。卒業間近まで天ぷら実験は続いていましたが、あるとき、これも間違えたというより今度はひまし油でやってみようということになり、新しいひまし油を使用して、天ぷらをつくってみましたが、何だか風変わりの臭いと味だったことを今でも思い出します。この結果は、最大に強烈でした。夜帰ると間もなくトイレ行きで、それが延々と朝まで続きました。翌日はノックダウンして学校を欠席しました。やっと病院に行き診察だけは受けました。後で聞いたら全員が欠席し、先生は何が起こったかと気をもんでおられたそうです。

　戦時中は大砲、銃、刀剣を焼入れする菜種油が逼迫してありませんでしたから、代替品の研究が盛んに行われました。そこで目をつけた材料が海藻でした。海藻は冷却効果は菜種油に劣りますが、充分に代役を務めたそうです。

　冷却剤の性能はNiボールを使用して試験ができます。Niは耐酸化性がありますから繰り返しても、一定の条件で試験ができます。ボールの中心にまで熱電対を挿入してそのまま焼入温度まで加熱します。保持したのち冷却剤に投入します。Niボールの中心の温度をプロットすると、時間経過した曲線を引くことができます（**図3.9**）。

　この曲線は焼入冷却曲線と言い、冷却の段階を区分して図のように称していま

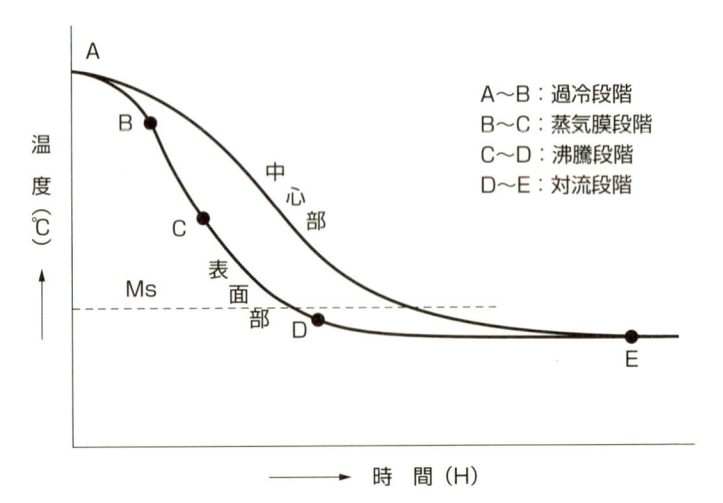

A～B：過冷段階
B～C：蒸気膜段階
C～D：沸騰段階
D～E：対流段階

図3.9　焼入冷却曲線

す。焼入れ油の性能としては、焼入れ後すぐ温度が降下できる過冷段階の性能によります。つまり、すぐ温度が降下できると、微細パーライト変態を生じさせることがなくなるため、焼入油として優秀ということです。さらにマルテンサイト変態する対流段階で降下速度が徐々になる種類がベターです。その理由はマルテンサイト変態が温度に依存するためです。急激なマルテンサイト変態を行うと割れや曲がり、変形の原因になるからです。

各種の冷却剤を条件設定（油温、撹拌など）して、この試験を行うといろいろな曲線を求めることできます。このように曲線の評価を行って焼入剤の良否を決定します。

3.6 ● 水油焼入れ

冷却剤はパーライト変態を防ぐために焼入れ開始後に急激に冷却し、冷却が進行して対流段階になったら徐々に温度が降下する性質が最も有効です。

しかし、冷却剤は全体を早く冷却する性能があるかと思えば、逆に最初からなかなか冷却が進行しないなど、どちらか片一方の性質を有しているのが普通です。もし、初期に冷却が早く、冷却後期に遅くできれば完全焼入れを行うことができます。

ちなみに完全焼入れとはオーステナイト組織がマルテンサイトに変態するとき、本来なら100％全部が変態することですが、そのようなことは実際上の作業ではまずあり得ないので、50％変態できたら完全であると定義しています。

試験を繰り返して試行錯誤した後、以下の冷却法を開発しました。それは、焼入れ初期に水に投入して焼入れします。温度が急降下し、赤みが消えて（水ですから外部からよく見える）振動音が消えたその瞬間に引き上げて、今度は油に投入します。つまり、2度目に冷却油を使用するのです（**図3.10**）。この方法を我々は水油焼入れ方式と呼んで多くの焼入品に応用しました。

解析すると、最初の水で急激な冷却を行います。水ですからパーライト変態を生じることはありません。このまま常温まで冷し切ってしまうとマルテンサイト変態があまりにも急速に進行し、体積膨張によって内部に引張応力が発生し、材料が持つ許容応力を超えて割れが発生してしまいます。しかし、パーライト変態

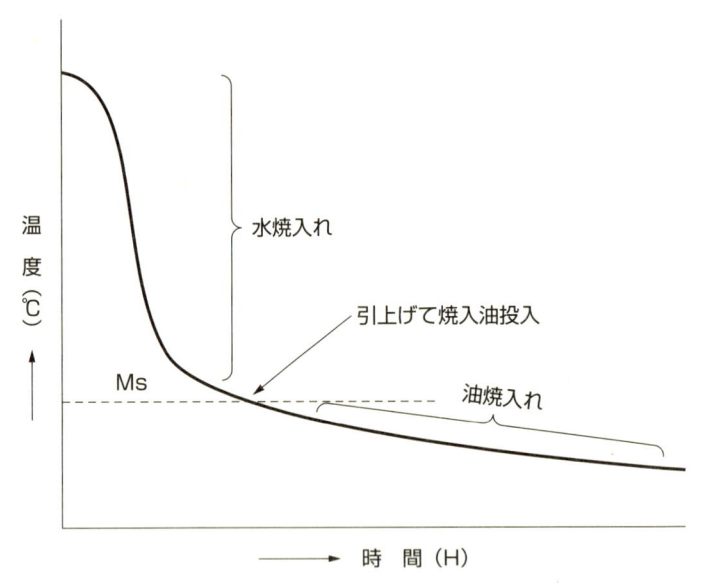

図3.10 水油焼入れの冷却曲線

域を通過したら、今度は焼入油に投入し直しますから、冷却が緩慢になりマルテンサイト変態が徐々に進行するというわけです。

次のような作業上の重要なポイントがあります。

①焼入品の温度を推察することです。

②最初の水投入時の温度を目測、体測できること。体測とは体で感じて温度を推測することです。

③水からは素早く引き上げ空気中の時間をできるだけ少なくすることです。すなわち空気中の温度変化を少なく（温度上昇しないように）することです。

この一連の動作は熟練を要します。誰でも最初からはできませんので、まず水に投入したときの温度（火色）と振動、音を感じ取り、そのときの温度を推定できるようにすることです。

もし水からの引き上げが遅かったときは割れが発生する危険がありますし、早かったときは焼きがうまく入りません。火色は肉が薄い部位を基準にしてその部分が過冷しないようにします。

焼入品の鋼種がＣ量0.4％（Ｓ40Ｃ）以下であれば、経験では焼入剤が水でも割れは出ないようです。しかし、Ｃ量がその含有量を超えて0.5％までの鋼種の

ときは水では危険ですから、従来は焼入油を使用していました。しかし、完全焼入れするにはかなり難しかったのです。0.5％を超える含有量の鋼種であれば、冷却油でも充分可能でした。

　Ｃ量が0.4～0.5％を含有する鋼が多かったので苦心したあげく、この方法を開発して採用することにしたのです。

　編み出したアイデアは決して姑息な方法ではありません。温度を体測しながら作業すれば極めてよい結果が得られます。ここで注意することは、冷却油の中に熱処理品に残る水が少し入り込みますから、冷却油槽に下部に溜まってくることです。そのため、ときどき水抜きが必要になります。冷却油の劣化も進みますから、早期の交換が必要です。

　手作業による水油焼入れ作業中は骨が折れます。多くは１個１個を鋏で掴んで水に浸漬して引き上げ、そのあと素早く油に投入していましたから、重労働になっていました。１個の重量が20kgを超える製品もあり、とくに水の浸漬時間と温度目測に気をかけなければならないものです。

　水油焼入れは作業者に大きい負担をしいていたことは知っていました。水や焼入油中だけに投入するだけなら楽です。しかし、水油焼入れは１個ごとの焼入作業が基本です。このため作業者は指示があってもしたくないのです。あるとき夜間に工場を巡回していたときのことです。そのとき１個ではなくて大きいバスケットに数個を入れまま水に投入し、クレーンで引き上げて、冷却油に焼入れしている光景を発見したのです。そのときの作業者は全員処罰して再教育しました。これでは充分な焼入れができないからです。

　我々が開発した方法と同様の性能を持つと宣伝される冷却剤が市販されています。それはポリビニールアルコール（PVA）系の水溶性の高分子焼入剤（商品名がたとえばソルブルクェンチ剤）があります。試験をした結果ではまあまあの冷却剤です。しかし高価であることや水油焼入れより寿命が早くなりますので、使用を選択すれば有効でしょう。

　一般に焼入れは冷却剤の能力と容量を考えておかなければなりません。焼入品の容積が冷却能力を超えたら効果が少なくなるばかりか、冷却剤の温度が高くなってしまいます。そのため冷却剤は小さい槽であれば槽の外部から冷却するか、槽の内部に配管して間接冷却するか、あるいは冷却剤を外部に引き出してラジエータで冷却するなどの機構が必要です。

いずれにしても冷却剤全体の冷却能力を熱量の点から試算して投入する焼入品の限界（容積、焼入れのインターバル）を決める必要があります。10kg投入したら何℃冷却槽内の冷却剤の温度が上昇するということでも頭に入れておくことです。

焼入れは冷やし切ることも禁物です。とくには冬場に危険が生じます。冷却剤に投入したままでは冷えてしまい、割れの原因にもなります。だからといって早めに焼入油中から引き上げてしまっては、まだ温度が降下していない製品に火がつくということが起きます。

あるとき焼入油中に大物軸を焼入れしていたときのことです。軸は1個が100kgを超えて数本ありましたからバスケットに取り出して、それごと油中に浸漬していた途中のときです。クレーンが停電でとまってしまいました。バスケットは半分油中のままですから、とうとう液面から火がついてしまいました。その場はなんとかしのぎましたが、危うく火災になるところでした。

3.7 ● 焼戻しの理論

焼戻しは現場用語でテンパー（tempering）と言います。焼戻しは焼入れしたら必ず施工する熱処理工程です。焼戻しの目的は以下の5つです。
- ・焼入れして生じたマルテンサイトに靱性を与える
- ・残留オーステナイトを安定化させて寸法変化を防止する
- ・マルテンサイト変態で生じた内部応力を解放する
- ・焼入れ後の硬さを調整する
- ・焼入れ後の硬さをさらに向上する（次項で詳述）

焼戻し温度の範囲は常温から上はAc_1点までと考えてよいのですが、温度範囲を、
- ・低温焼戻し：150〜230℃
- ・中温焼戻し（ばね戻し）：400〜480℃
- ・高温焼戻し：550〜680℃

に区分しています。温度はおよその数字です。

(1) 低温焼戻し

　低温焼戻しは、焼入れしたマルテンサイトの硬さを減少させないで最高に活かす目的があります。低温側では150℃としましたが、条件によったら100℃で行うこともあります。お湯戻しと言われる方法で湯中に浸漬して焼戻します。およそ200℃以下であれば硬さの減少は微少です。低温焼戻しする製品は硬さ優先品ですから、ナイフ、包丁、剃刀、カッター、鋏、などの切削工具、ゲージや曲尺、物差し、ノギス、マイクロメータなどの計測器具、アルミサッシの引き出し用金型、自動車車体のプレス金型など多数あります。

　焼戻しは通常250～300℃では行いません。この温度で焼戻しするとマルテンサイトからCが析出して鋼が脆化するからです。この現象を1次焼戻し脆さと呼んでいます。硬さの調整を優先してこの温度域で焼戻ししないよう注意しなければなりません。

(2) 中温焼戻し

　中温焼戻しは中間焼戻しとも言います。ほかにはばね戻しが現場的に有名です。焼戻しは温度が上昇していくにつれてマルテンサイト組織が変化します。それは焼入れしたとき過飽和にCを固溶して不安定なマルテンサイト組織になっているためですが、焼戻しによって常に安定な組織に変わろうとしています。焼戻温度によって、

- ・200℃以下：黒色針状組織（腐食による）が現出する
- ・200～400℃：炭化物が析出して粒状に凝集し始める。この組織は焼戻しトルースタイトという
- ・400～550℃：炭化物の凝集が進み、焼戻しソルバイト組織が生じる
- ・550～680℃：焼戻しパーライトが析出する。この組織は層状ではなく、スフェロイダイトという粒状を呈する。極めて靱性に優れた組織である

という段階を得ます。

　中間焼戻しは温度によって焼戻しトルースタイトと焼戻しソルバイトの量比が変化する混合した組織になります。焼入れしたマルテンサイト組織がこれらの組織に変化したとき、硬さは低下しますが、靱さが増すので弾性を優先して得たい製品には都合がよくなります。つまり、ばねの特性を有する目的になります。多

くのばね一般や鋸(のこぎり)、ゴルフシャフトに有効です。硬さと弾性を優先して焼戻温度を決定します。ばねの特性のために焼戻しする意味がありますから、ばね戻しと呼びます。

(3) 高温焼戻し

高温焼戻しは硬さを相当犠牲にしますが、靱性がとくに大きくなります。一般機械構造用鋼は硬さ（硬さと引張強さはほぼ比例）と靱性が必要です。焼入れと高温焼戻しの一連の工程を現場用語で調質と呼ぶ理由がそこにあります。

焼戻温度は要求する硬さによって設定します。しかし、500℃近郊で焼戻しすると脆化する現象が発生します。これが２次焼戻し脆さです。とくに焼戻し後に徐冷すると明瞭に生じますから、焼戻しが終了したら急冷して防止します。中炭素の高合金を含有する鋼に生じやすいので、対策は鋼にMoを微量添加します。その目的で開発した鋼が「SCM○○○」あるいは「SNCM○○○」です。

焼戻しを行うと、温度が上昇するにつれて機械的性質が変化します。そのモデルを**図3.11**に示します。

・硬さ：減少する
・引張強さ：減少する

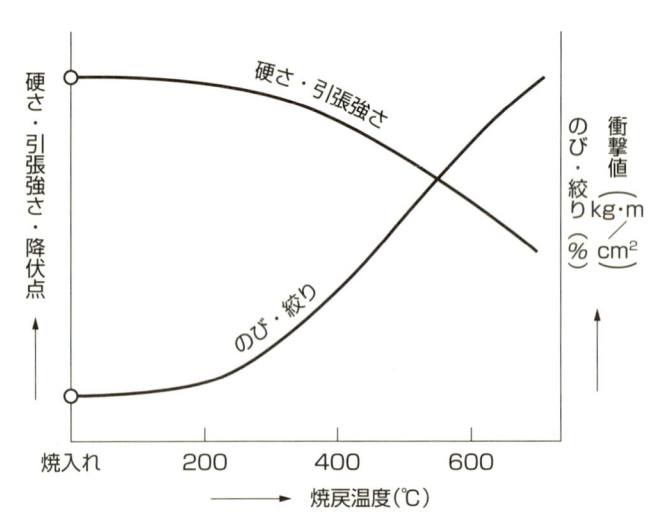

図3.11　焼戻温度による機械的性質の変化モデル

・降伏点：減少する
・のび：上昇する
・絞り：上昇する
・衝撃値：上昇する

　高温焼戻しは硬さだけの調整ではありません。他の性質も考えて焼戻温度を設定することになります。焼戻しは低温になればなるほど熱伝導が悪くなります。炉の温度と熱処理品の温度の勾配が小さいからです。そこで焼戻温度に到達したあと保持時間を確実にとって充分に戻すことです。

　一般には肉厚が1インチ当たり60分と言っています。しかしこの基準の時間は総合した目安であり、炉の能力、炉中の装入量、焼戻温度などを考えて変更して構いません。確実に行うなら試験をして実績を積み重ねておくことです。

　焼戻しの保持時間が終了したら熱処理品を炉から取り出して冷却します。通常は次の工程である、硬さ測定やショットブラスト処理（酸化スケール落とし）へ搬送を早く行うため水冷して、すぐ取り扱いできるようにしますが、焼戻脆さを防止する目的もあります。

　焼戻しは保持時間が長くなります。また焼戻温度はいくつかの温度に設定しますから、いつも数炉が必要です。通常、焼入炉は1基でも、焼戻用の炉は2～3基を準備すべきです。そうしないと焼入品が焼戻し待ちで滞りますし、生産性が悪くなるだけではなく、置き割れ（焼入れ後に放置したままで割れが生じる）の原因になります。

3.8 ● 焼戻しの実際

　焼戻作業は焼入れほど過酷ではありません。温度が低いからです。

　焼戻しは焼入れした製品の検査（硬さ測定、割れや曲がりなど）を行った後、完全に冷えないうちに焼戻炉に装入します。このときは焼入れした同じロットでなくても構いません。同じ焼戻温度で処理できるときは一緒に装入してよいのです。処理品の保持時間が異なるときは、肉厚品の保持時間に合わせます。保持時間が長くなり過ぎても焼戻しの効果は大きく変化しません。

　次は炉から取り出した後の冷却です。私の経験では、低温焼戻しは空冷してい

ました。これは鋼内部に応力を残さないようにする目的があります。金型やゲージなど精密品に対しては応力が残留しないようにしました。

　高温焼戻しでは炉から取り出したら水冷しました。理由は前項に説明した通りで、とくに脆さの発生を嫌いましたし、生産性のためでもあります。

　焼戻しすると製品の表面に色がつきます。機械加工面では鮮やかに見ることができます。色は低い焼戻温度から順に薄いきつね色、やや濃いきつね色、薄い紺色、濃い紺色、茶色、焦げ茶色になります。すなわち、この色は焼戻しの温度を示しています。そのため、焼戻しでつく色を観察して管理に活かすことができます。

　焼戻しは温度を間違わなければ想定する硬さを得ることができますが、初めての鋼種のときや、その軟化の抵抗性を経験していないときに失敗することがあります。そういうときは、焼戻温度を低めに設定します。硬さが落ちないときには再焼戻しすればいいからです。再焼戻しは鋼の品質にむしろよい効果を与えます。ところが結果として焼戻温度が高かったために硬さが指示値より低くなることもあります。

　硬さが指示値より低下したらどうすることもできません。もう1度焼入れからやり直しです。それではと、すぐ焼入炉に入れて再処理することは邪道です。焼戻しで失敗したときは、まず焼なましを施工して組織を標準化します。その後焼入れします。焼戻しは1回目より温度を下げて行います。これらの工程間では硬さを確実に計測します。

　再焼入れ前に焼なましを行うと製品の表面が酸化して粗度が悪くなり、焼入性に影響することがあります。その場合はショットブラスト（ショットピーニング）でスケールを除去すると効果があります。このように焼戻しを失敗すると手間がかかりますから、焼戻温度は充分に検討してください。

　焼戻しの温度設定は焼入れ後の硬さが同じであればどの鋼種も同じになるというわけではありません。鋼に含有している合金元素の成分とその組成で変わります。焼戻しすると焼入れ後の硬さが低下しますが、合金の含有によって軟化に差異が出ます。それが焼戻し軟化抵抗性です。それらの元素はCr、Mo、W（タングステン）、Vが顕著です。これらの元素は炭化物形成元素でもあります。

　多くの鋼種では焼戻温度の上昇にともなって硬さが激減します。しかし、上記の元素を含有する鋼種では焼戻温度を上げると焼入れ直後の硬さより高くなる現

図3.12　2次硬化現象

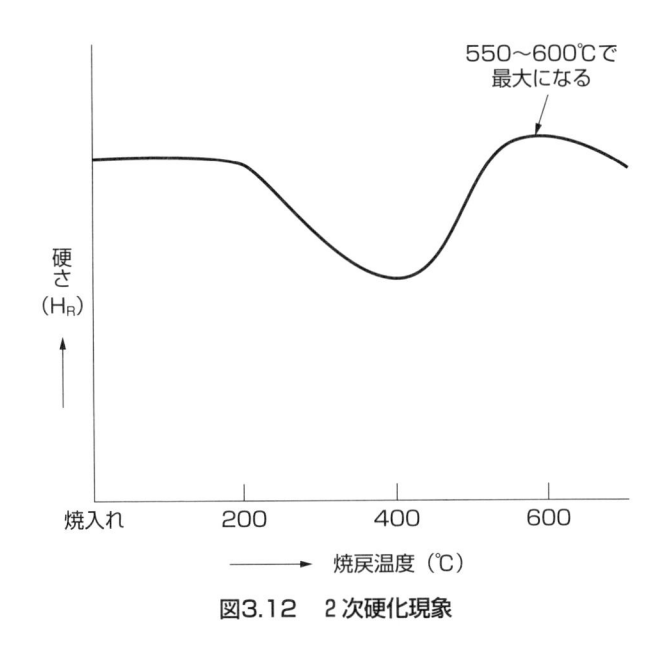

象が生じます。これが有名な2次硬化と呼ばれる硬さの変化です。焼入れ後の硬さを1次として区別しています。その焼戻温度は550〜600℃です。図3.12に示すようにこの温度範囲で硬さの曲線が山なりになります。2次硬化は焼入れ時に基地に固溶していなかった炭化物形成元素が焼戻しの高い温度で析出するためで、微細な炭化物が観察できます。

　それでは2次硬化現象を応用して何かに利用することはできるでしょうか。本来なら焼戻温度が高くなれば必ず硬さが低くなります。しかしそれに反してのびや絞り、衝撃値は高くなり、靱性が生じてきます。2次硬化が生じる高い焼戻温度ではどうなるでしょうか。結果として硬さが高くなり、のびや絞りも大きくなるのです。すなわち焼戻温度が高くなるに従って靱性が増加してきます。このことは一挙両得というか、一石二鳥というか誠に好都合なことです。しかも550℃を超える程度の焼戻温度でその効果が得られるわけです。

　結論としては、550℃程度で最高硬さが得られるなら、その温度以下ではどのように焼戻しても硬さは上昇しなし、低下もしないのですから、耐熱性があるということになります。つまり、550℃までは硬さが低下しないわけです。そうなればこの現象を有する鋼種は耐熱用としての使用が可能になります。

たとえば、自動車の車体の金型を考えてみましょう。自動車の車体を成形するときは、金型が上下からプレスして一挙に金属を変形させます。金型はその成形の基礎になります。繰り返し使用すると摩耗しますが、摩耗量が大きくなると成形の許容寸法内に収まらなくなってきます。車体の成形では薄板を使用するので冷間で行いますが、肉厚品たとえば新幹線の車輪など大型品では超高圧のプレス機であっても冷間で成形する（冷間加工）と変形量が少量になります。実際はオーステナイト組織になるように加熱した製品をプレスして、短時間で急速に成型させています。このときに使用する金型は高い温度にさらされますから、せっかく焼入れして硬さを具備していてもすぐ軟化してしまい、摩耗し寿命になります。

ところが2次硬化現象を示す鋼種では高温で成形（熱間加工）して金型の温度が高くなっても550℃までは硬さが低下しないはずです。すなわちこの鋼種は熱間金型用として極めて有効な性質を持ちます。ほかにも高温の用途に応用されています。

3.9 ● 不完全焼入れ

　熱処理は信用であると説明しました。熱処理した後の評価は終了後だけでは判別しにくいからです。熱処理は工程ごとに確実に目的通りの品質が得られたかをチェックしながら進めていき、それが結果として終了時の総合的な品質を確保するからです。もし工程途中に何らかの異常が発生したら、元に戻ってやり直しすることになります。

(1) 信用第一

　焼なましや焼ならしは、もし手落ちがあれば即刻に再処理することは容易です。焼戻しも温度が低かったら再焼戻しすることはできます。しかし、焼入れはかなり手間がかかります。焼入れしたとき、想定する焼入硬さが得られなかったとしましょう。このまま焼戻しするとき通常の予定温度で処理すると硬さが指示値に収まらなくなります。指示値に入れるなら焼戻温度を低めに設定して硬さの減少を食い止めなければなりません。そうすると硬さは低下しないで指示値を確保できます。

このような方法も可能ですが、どんな焼入温度で処理したかを製品の外観を観察しただけではわかりません。焼戻ししたときに外観の色を目視することができると説明しましたが、高温焼戻しのときに100℃の違いを色で判別することは容易ではありません。熱処理した製品は簡単に判別できないため、信用が重要であるというわけです。もしこの場合、規定通りに決まった焼戻温度で処理すると指示値内に収まりません。やり直しする場合は、焼戻温度を操作します。

しかし、これでよいのでしょうか。具体的に事例で説明しましょう。それを行うことは極めて重要なことだからです。以下のような焼入れした鋼材があります。

・鋼種：SCM 435
・寸法：直径100mmで長さが200mm。外観はすべて荒削りしている
・設計指示値：調質して Hs 40±3
・焼入れしたときの硬さが Hs 65

本来なら焼入れが完全焼入れであれば Hs 75程度になります。この鋼材は Hs 65ですからかなり低い値です。おそらくこの硬さではマルテンサイトが50％も析出していないでしょう。不完全焼入れといえます。

指示値 Hs 40に硬さを調整するためには焼入硬さが Hs 75であれば焼戻温度が550℃を超え600〜650℃で処理します。しかし、今回は焼入硬さがかなり低い値ですからこれと同じ温度なら低くなってしまい指示値から外れて、Hs 35程度になるでしょう。Hs 40±3の下限にも入りません（図3.13）。そこで指示値内に入れることを最優先して焼戻しすれば、530℃が安全な温度であると予想しました。

その温度で焼戻しして検査工程に回しました。予想通り Hs 40内に入り、めでたく硬さ試験に合格し、次工程の機械加工に流れました。

一連の経緯は以上ですが、何が問題になるでしょうか。もしいつも通り焼戻温度を630℃で行っていたら不合格になるはずでした。これを考えることが熱処理の信用性であり、隠された真実を問うことになるわけです。

今回は焼戻し温度530℃でしたからまあまあの処理です。まあまあという意味は、調質後の靱性が保たれたからです。しかし、鋼種が最大に発揮する靱性にはほど遠い内容になります。すなわち本来行う630℃と実際に行った530℃を比較すると温度で100℃の差があります。

焼戻し後の硬さは以上の通りですが、靱性、具体的には引張試験を行ってのび

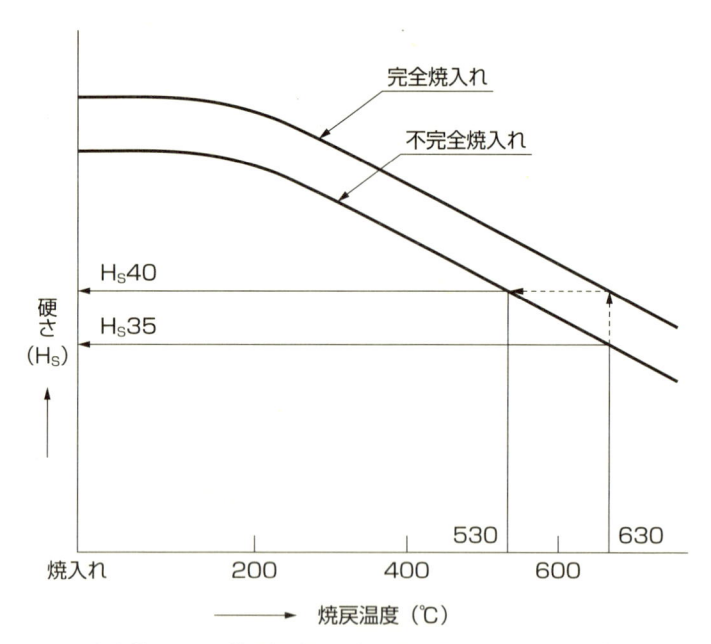

図3.13 不完全焼入れと焼戻硬さ

完全焼入れでは焼戻温度600℃でH_S40となるが、不完全焼入れでは530℃で焼戻ししないとH_S40を確保できない。

と絞りを測定（方法は後述）すると、630℃のときと530℃のときでは大きな差異が生じます。前者で処理すると各靱性の数値は大きい値を示しますが、後者ではその値よりかなり低くなるはずです。しかし、引張試験を行うと処理した製品を破壊することになりますから、何の意味もなく、作り直すことになりますし、責任はなくなります。すなわち低い温度で処理したことがわかれば、謝っておけばそれですんでしまい、わからなければ何もお答めなしになります。

　ところがこういう処理品に限って後で問題を発生することが往々にあります。この軸が破壊したとしたら材料を調べます。熱処理の経過も調べて良否を判定します。組織を顕微鏡で観察すると530℃で焼き戻ししたことが明らかになってきます。630℃の組織と明確に差異が出てくるからです。トレーサビリティのために調査すると、温度記録に残っていますから、隠しようがありません。

　それでは、先ほどの鋼材で正しく処理を行うとしたらどうするでしょうか。前に述べたように焼入れ時に適正な硬さが生じなかったら、最初に立ち返ってやり

直しをすることです。後で修正できると考えてはいけません。次第に問題が広がり、大きくなるだけです。再処理を行うと通常の処理の2倍も手数がかかります。だから最初の焼入作業を標準通りに的確に正しく行うことです。

(2) マニュアルの重要性

　熱処理工場では標準作業を行うためのマニュアルを作成しておくことです。このためにはかなりの試験が必要です。新規に試験のために材料を使用するとしたら経費がかかりますから、通常の熱処理作業の中で毎日データをとり揃えて、その工場特有の作業の管理指標を構築することが重要です。熱処理作業のマニュアルの内容を確認すると、その工場の品質管理状況が判断できるものです。

　最近、ISO 9000あるいは ISO 14000という欧米の流れからその資格認定を受けて取得し管理を行うことが流行しています。認定を受けて資格を取得すると、営業面でも優位に立つことができるといわれます。が、この方法も本来の作業なり、管理を充分行うことが先決で、資格認定を受けたら書類を揃えておけば事足りるという錯覚に陥ったところも見受けます。これは残念ながら本末転倒です。ISOは結果としてその工場が充分に値しているという程度で充分なわけで、何も資格などは不要です。独自の管理だけで充分で、何万枚もの書類を積み上げるだけ無用、無駄です。

3.10 ● 材料試験の方法

　熱処理とは間接的な関係になりますが、材料試験について考察しておきます。引張強さ、のびなどという専門用語が出てきます。これらの数値の出し方は知っておくべきです。

(1) 引張試験

　引張強さの試験は、試験片の形状が JIS で数種規定されています。それらについては直接 JIS を参照してください。

　引張強さは材料の形状、種類に合う形状を JIS から選択して試験片を作製します。引張片を作製したら寸法を計測して記録します。試験は万能試験機やオート

グラフで行いますが、試験片の引張強さを想定して記録のレンジ（倍率）を決めます。記録のレンジを広くとると数字を正確に読み取れ、細かい変化も確認できるからです。

　硬さが高い材料の場合、試験片を固定するチャック部で試験片の掴み部が滑ることがあります。確実に締めておきますが、滑ると段々締まるような機構もありますから、そのような固定具を利用してもいいでしょう。そして、試験の内容や条件の引張速度（歪み速度）を決定します。

　引張試験の結果は縦軸が引張強さ、横軸がひずみになります。引張試験が終了すると記録から値を読み取りレンジから計算し、縦軸を材料の応力に置き換えると、図3.14のような応力―ひずみ曲線になります。破断した試験片の寸法も測定します。

　引張試験では以下の各項目が計算できます。ここで次のように記号化して計算式を示します。最大荷重：Pc、破断荷重：Pf、引張前の標点間距離：L、破断後の標点間距離：Lf、引張前の直径：D、破断後の直径：Df。

のび＝$(L-Lf) \times 100/L$

絞り＝$(D^2-Df^2) \times 100/D^2$

引張強さ＝$Pc/\pi(D/2)^2$

破断強さ＝$Pf/\pi(D/2)^2$

真の破断強さ＝$Pf/\pi(Df/2)^2$

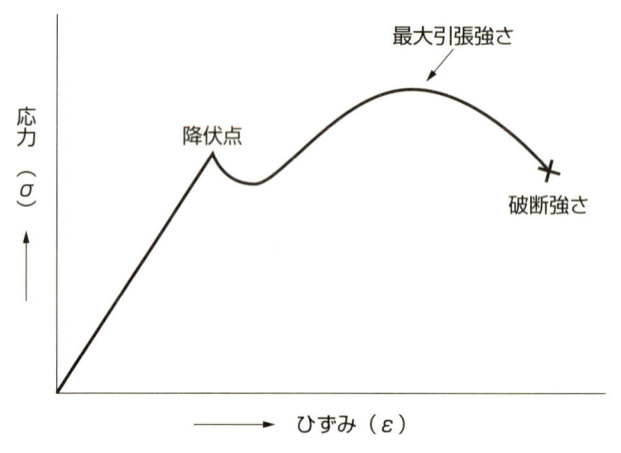

図3.14　応力―ひずみ曲線

簡単に説明しますと、のびは試験片が破断するときどれくらいのびて切れるかということです。のびが大きくなると飴やチューインガムがのびて切れるような現象を示します。反対にのびが小さいときは、試験片はまだのび量が少ないときに切れますから、試験片の長さは長くなりません。鋳鉄など脆い材料の場合がこうなります。

絞りとは試験片が破断するとき直径が細くなります。絞りが大きいときは絞られて細くなってやっと破断します。反対に絞りが小さいときは細くならずに破断してしまいます。のびや絞りが大きいときは試験片の形状変化も大きくなり、その後に破断します。この現象が顕著なとき、靱性が大きいと言います。

靱性が大きいときは、たとえば機械や装置が稼働している際に何らかの過大な荷重がかかったときに少しずつ塑性変形して壊れていきます。

真の破断強さは破断強さとどう違うでしょうか。それは破断強さが当初の試験片の寸法を基準にした計算値であるのに対して、実際は試験片が細くなって破断しますから、破断直前の寸法で計算したほうが現実的です。その違いを説明しています。

引張試験を行うと、以上のような機械的性質が読み取れます。熱処理したときの機械的性質を評価するときには条件があります。まず、熱処理した試験片を作製するときは、熱処理時の材料の直径が25mmと定められています。長さはとくに決められていませんが1mなどとするとやっかいですから、試験片が採取できる大体250mmあるいは長くても300mm程度です。

この形状寸法で熱処理し、機械加工して試験片を作製します。材料を熱処理した試験片はすべてこのサイズで行いますが、1つだけ例外があります。その鋼種は工具鋼です。工具鋼を熱処理して試験片を作成するときは、熱処理に供する材料寸法が10mmと定められています。

(2) 衝撃試験

引張試験以外で行う材料評価に衝撃試験があります。シャルピー試験とも言いますが、類似の試験としてアイゾット試験もあります。

衝撃試験は材料の靱性を評価します。しかし靱性は引張試験で計算したのびと絞りで知り得ますから、あえて衝撃試験を行う必要はないと思われますが、必要性があるのです。

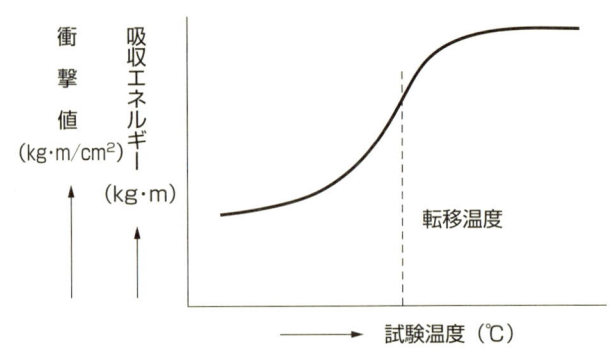

図3.15　シャルピー試験による温度と衝撃値

　衝撃試験は試験温度を設定できますし、その条件で試験を行います。鋼は一般的に低温で非常に脆くなる（脆性）性質があります。そこでどれくらいの温度になれば脆くなるかを試験して、使用時の条件に応用する必要があります。
　試験は試験片の温度を種々変えて行い、縦軸に衝撃値（吸収エネルギーあるいは破断エネルギーとも言う）を、横軸に試験片の温度をとって図を描くことができます（**図3.15**）。
　常温では靱性がありますから値は高いですが、次第に低温側で試験するとある温度で急激に衝撃値が低下します。この温度が転移温度（または遷移温度）で、この温度以下では脆化しますから使用が困難です。
　低温でも靱性を保つ鋼はNiを添加した鋼です。Niの含有量によって転移温度が低温側に移動します。機械や装置を冷温にさらされるところで使用するときは、低温脆性は熱処理では改善できないので、必ずこの鋼を選択しなければなりません。

　材料試験はほかにもあります。疲労試験は繰り返し長期に渡り荷重をかけて材料の限界を評価します。繰り返し荷重の方向は回転曲げ、片振りなど条件を設定できます。
　ねじり試験もあります。これも靱性が評価できます。
　これらの試験方法は実際の使用に近い条件で行うとより効果が出ます。そのため、一般に汎用される試験方法から離れて、実際に近い機械装置を開発して行っているメーカーもあります。

3.11 ● 硬さ試験の方法

　材料試験のうち硬さ測定は熱処理においては頻繁に行う作業で、いわば品質確保の基本になります。

　入社して熱処理工場を担当したときショア硬さ計を初めて見ました。熱処理工場はショア硬さ計を通常に使用していました。それまでの経験は、ロックウェル硬さ計、ビッカース硬さ計、ブリネル硬さ計が主で、それ以外は使ったことがなかったので、簡便ですぐ使えるこの硬さ計には感心させられました。

(1) ショア硬さ計

　ショア硬さ計を正しく使うなら、筒が垂直になるよう台座の水平面を足のねじで調整します。そのあと、被測定物を下の台座と針が落下する筒の間に挟み込み、ねじで筒を抑えるように荷重をかけます。実際の試験は、降下準備を行って針を落下し、反発した針の移動目盛を読み取る仕組みです（**図3.16**）。したがって、硬ければ針は大きく反発して、移動する距離は大きくなります。これがショア硬さ計の原理です。

　台座と筒の間に収められる間隔は短いのでこうした方法は限界があります。そ

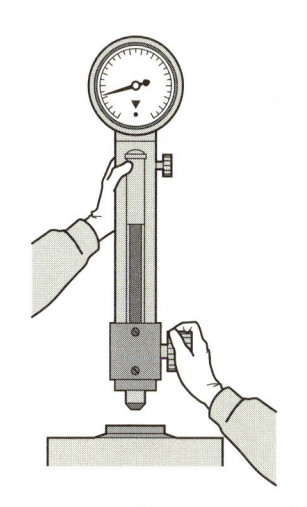

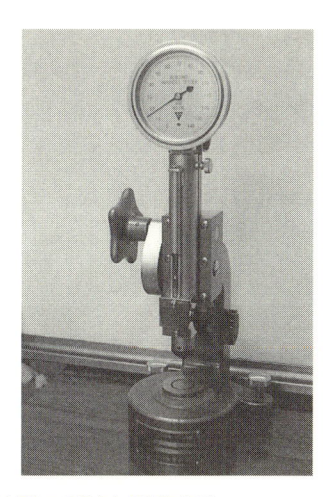

図3.16　ショア硬さ計の手持ち測定方法

こで多くは筒だけを外して被測定物に垂直に当てて計測することが普通です。いわゆる手持ちで計測するわけですが、筒を垂直に立てて針を落下する技能は熟練が要ります。筒が少しでも傾いたまま計測すると誤差が出るからです。

　被測定面は平面であること、できれば研磨して粗さが小さいことがより正確な値を出すことになります。しかし、現場では生産性を考えなければなりませんから、手持ちのグラインダーで大方平面に削ったらすぐ計測するという手順になることが多いようです。

　計測位置を変えて数回打ちます。位置を変える理由は１度針を落とした点に重なると加工硬化した影響が出てくるからです。また数回打つ意味は、ばらついた値を平均化するためです。ショア硬さ計による測定はそれだけバラツキが出ることになります。平均化する方法も最大最小値を外して平均値を求める方法が正しいのですが、どうしても意識的に都合がよい値をとりがちになる場合もあります。これは慎まなくてはなりません。

　ショア硬さ測定の欠点は必ず垂直に保って計測しなければならないことです。被測定物が垂直方向ですから、固定するためには水平な面がなければ計測できません。垂直計測に対してドイツ製で横向きに計測できる硬さ計（商品名デュロスコープ）も市販されています。同時に併用すると便利です。

　ショア硬さ計は研究室で使用するほかの硬さ計と比較すると、どうしても正確さに欠けます。理由は上述したように測定原理が針の反発で数値を読むためです。もし被測定材の反発力が大きければ非常に硬い材料であると判断します。

　たとえば極端な話、被測定品がゴムとしたらどうでしょうか。ゴムは弾性が大きいので針の反発が大きくなりますから、硬い材料だと認識してしまいます。だから被測定物の材質は、鉄鋼を基準にしておくべきです。

　ショア硬さ測定を行うと音がします。この音は測定条件によって変わります。硬い材料を測定するときは軽いコツコツした音です。このようなときは大体硬さが高い値を示します。しかし、ボコンボコン、あるいはボコボコした感じの音を聴くときは数字のバラツキも大きく、低い値になりがちです。このような場合、材料が薄く、針の反発が材料に吸収されて真値が出なくなることがあります。材料が単に薄いだけではなく、測定部の下部が空洞になっているか、測定位置が曲面になっていてもそうなります。たとえばリングなどの計測を行うときは、円周面を選ばず、軸方向のリング端面を打つとこのような誤差はなくなります。

このようにショア硬さの測定は作業の熟練だけでなく、適正な測定部の選択をしなければなりません。

(2) ロックウェル硬さ計

ロックウェル硬さ計は触針の種類を正しく選ぶ必要があります。もちろんそのときの目盛板の読みを間違えないことも同じです。測定前には基準の硬さ片を使用して計器の補正を行わなければなりません。それはショア硬さ計も他の硬さ計も同じです。

よく間違える手順に圧力荷重用の錘の交換を忘れる例があります。

他の硬さ計の測定でもそうですが、被測定物の固定の方法は重要です。治具を使用することは正確な値を読む基本になります。また触針と被測定面が直角に保つように水平面（測定面）を合わせることも重要です。

(3) ビッカース硬さ計

ビッカース硬さ計は試験片の測定面を鏡面に仕上げて（原則として腐食しない方が読み取りやすい）測定に供します。ダイヤモンド圧子で荷重をかけてキズをつけ、その対角の長さを読み取る原理で、その長さを硬さに換算します。長さが長いときは軟らかくてキズが大きくなるため、硬さは低くなります。ビッカース硬さは荷重を変えて行います。換算するときは荷重ごとに換算の表が準備されています。

硬さの層が薄いとき、たとえば浸炭した表面の硬さ、窒化した表面の硬さなどで、硬化層の深さが1mm前後あるいは0.1mm前後になるときは、荷重を小さくして行います。

(4) ブリネル硬さ

ブリネル硬さは主に鋳造品や鍛造品など荒物の硬さ測定に多用されています。原理は被測定物の水平面を手持ちグラインダーで研磨して平面にしたあと、その位置に荷重をかけて鋼球を押しつけます。鋼球は被測定物に形状通りの半球のキズをつけます。キズの大きさ（直径）は被測定物の硬さによって大小を示しますから、直径をスコープで計測します。計測値は硬さ換算表で読み取る方法です。

これらの各硬さ計は相互に値を換算できる表が準備されています。しかし、いつでも同じではないと考えてください。それは硬さ測定の原理が異なるからです。

硬さ計が手元にないとき、簡便に硬さを確認することができます。ヤスリは硬さ別に製作されていますので、これを使用して被測定物にキズをつけます。キズがつかなければもっと硬いヤスリを使用し、ヤスリの硬さと比較して間接的に値を知るという方法です。上手になればかなり正確な値を得ることができます。

3.12 ● 変形と変寸

熱処理を行うと種々の問題が生じてきます。その中で焼入れ時に起こる欠陥は重大です。

それは焼入れによって内部応力が発生し、ひずみや割れを起こすことがあることです。その原因は熱処理の際の温度変化により生じる膨張収縮の熱応力と、マルテンサイト変態によって生じる変態応力によります。

(1) 熱応力の発生による原因

鋼に限らず物体を加熱すると線膨張率に応じてその材料特有の膨張（線膨張では長さ）が生じます。冷却すると収縮することはわかりますね。

熱処理品を考えると、形状が球であれば中心から外面方向に全体が膨張するはずです。円筒ではどうなるでしょうか。おそらく軸方向にものびるし、円筒の半径方向にものびるはずです。しかし、のびの量はその2つの方向ののび値が同じではなく異なるはずです。そうすると円筒の内部でのびの差異により、ある部分は引張りを行おうとする傾向と、もう一方で圧縮される部分が存在しますから、その量が相殺できないときに内部に応力が発生することになります。

そうなるといろいろな形状の物体を焼入れしたとき、熱変化だけによる膨張量の差異によってあちこちに寸法変化が生じるとともに、内部に残存する応力値も部位によって大小が発生することになり、極めて不安定な状況になります。

焼入れではまず、すでに炉中の加熱に際しても加熱割れが生じることがあると説明しましたが、内部と外部の膨張の差異によって熱応力が発生して引張りに耐えられなくなった鋼は割れてしまうことになります。これが加熱割れで、加熱中

に割れたかどうかは、割れ面が酸化あるいは脱炭していますから容易に判別できます。

さらに鋼を冷却剤に投入するときは、加熱中の変化に比較してより大きく急激な収縮をしますから、同じように内外部、薄厚部、細太部などのそれぞれに応力が発生します。この応力値は極めて大きいものです。傾向では熱処理品の内部に引張応力、外部に圧縮応力が生じます。

応力に耐えられなかった部分は寸法が収縮するか、変形に至ります。ただし収縮や変形、曲がりが生じたとしても応力はまだ残存します。

(2) マルテンサイト変態による応力発生の原因

鋼を焼入れしたとき、最初からこの応力が発生するわけではありません。冷却の段階で説明すると、冷却液の対流段階、鋼の側からでは Ms 変態の始まりからです。マルテンサイト変態は焼入れによって生じる組織の差異によりますが、なかでもマルテンサイト組織は寸法の変化が大きくなります。

マクロ的な試算で説明してみましょう。

オーステナイト組織は面心立方格子で1個の単位胞の中に原子を4個含みます。一方、マルテンサイト組織は体心正方晶と言い、パーライトと同じく原子を2個内包します。そこで原子各1個が占める体積を計算してみます。

オーステナイト組織の格子定数は$3.588Å$です。マルテンサイト組織は3辺が同じではなく、2辺が$2.845Å$、他の1辺は$2.976Å$です。1個の占める体積は、

　　オーステナイト$=(3.588/4)Å^3=11.584Å^3$

　　マルテンサイト$=(2.845^2×2.976/4)Å^3=12.043Å^3$

となります。よって、

　　$(12.043-11.584)×100/11.584=3.96$（％）

これだけの体積が膨張することになります。線膨張は1.3％程度です。

この試算はオーステナイト組織に完全に100％変態したときの計算値ですから、実際は各部の変態量に差異が出て膨張量が変わります。

焼割れは熱応力より変態応力に耐えられなくなって生じる例が多くなりますが、外面は冷却速度がかなり大きいのでむしろオーステナイトの残留が増加しやすく、熱処理品の中心に圧縮応力が生じます。しかしこの傾向は寸法によっても変わり、一概には言えません。

焼入れでは熱応力と変態応力が複雑に発生し、これらが相殺し合って大きくなったり、減少したりしますが、通常は焼入品の変形や焼割れの対策をとらなければなりません。その方法は次のようにいろいろあります。

・加熱時の膨張が内外均一になるような加熱方法。階段（ステップ）加熱は1つの方法である
・酸化や脱炭を防止する
・焼入温度を適性にする。適性範囲の中でも上限より下限域を検討する
・焼入品の断面や形状を単純化あるいは対称化して一様な冷却ができるように配慮する
・焼入品の形状が部分的に過冷しないように切欠を少なくする
・マルテンサイト変態の温度域を徐冷する。焼入品の内外部の温度差を少なくし、内外に均一な変態を生じさせる
・冷却剤の冷却性能を適性にする

ほかにもまだ種々の細かい対策がありますが、一つひとつ的確に対策することが必要で、1つの対策ですべて防止できるわけではありません。

焼割れ以外に困ったことは軸類の曲がりです。軸はおおかた段差があります。

軸は端面をアイボルトで吊り下げて装入

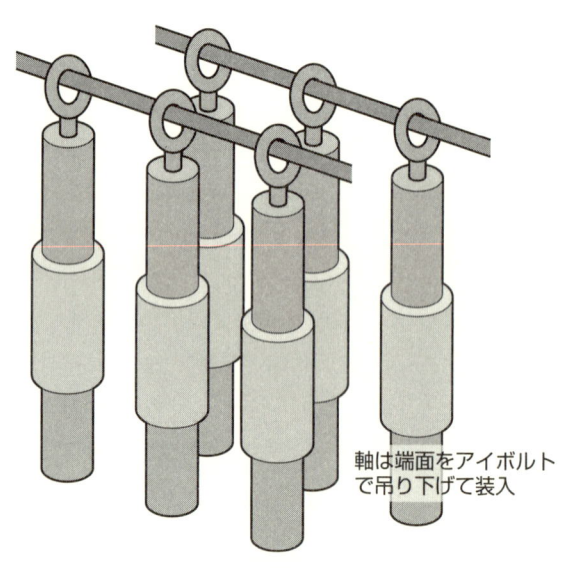

図3.17　吊り下げて加熱冷却

そこで採用した防止策を以下に示します。
- 段差形状を調質後に加工する（全部はできないが、熱処理前の形状については配慮した）
- 炉に挿入する姿勢を考え、軸はすべて立てて段取りする。軸はバスケットに針金で固定。こうするとそのままの姿勢で焼入れでき、冷却効果もある
- 端部にねじを加工している軸は、アイボルトで吊り下げてバスケットに括り、そのまま加熱冷却する（**図3.17**）
- 長軸は装入時に治具（楔など）を使って軸下にスキマをなくすようにして加熱し、焼入れではできるだけ垂直に投入するように作業する

第4章

浸炭焼入れ

4.1 ● 固形浸炭の見学

　浸炭焼入れに使用する浸炭炉は浸炭の形式によって大きく3つに分類できます。浸炭の原理を考えながら過去から行われてきた設備を含めて考えてみます。
　・固形浸炭
　・液体浸炭
　・ガス浸炭
　固形浸炭は今の生産工場ではほとんど見る機会はなくなりました。私がこの方式で操業していた工場を見学した企業は、1975年、ドイツ（西ドイツ）ルール地方のデュイスブルグに位置した大企業の熱処理工場部門でした。
　日本の工場に似て薄暗かったのですが、煉瓦造りの建家は天井が高く、だだっ広い土間で、数人の作業者が炭で汚れた格好で作業していました。人間が入るほど大きい瓶が何本も並べられて、どれも煤けていました。
　固形浸炭の段取りはこの瓶に浸炭する製品を木炭粉と一緒に詰め込みます。木炭粉には炭酸バリウムを主成分とする助剤を前もって添加混合しています。製品が接触しないよう注意しながら、もうもうと舞う粉塵の中で数個の製品を詰め込むと、内部に空気が残らないように粉体を満杯にして最後に蓋をします。これで炉に挿入する準備が完了です。おそらく1つの瓶の重量は300kg程度だったでしょう。作業者の顔は誰も真っ黒です（**図4.1**）。
　炉は重油焚きでした。台車を引き出してその上に瓶を6個も並べ、天井クレーンを使用してワイヤーを引き上げると台車が炉内に引き込まれて収まります。炉に点火して温度を徐々に上げていけば浸炭が始まります。
　浸炭の原理は、製品の表面からCが侵入することです。浸炭は高温ほど促進されますが、時間がかかります。浸炭深さと浸炭時間の関係はおおむね以下の式になります。

$$浸炭深さ(mm) = kt^{1/2}$$

　ここでkは浸炭の条件、すなわち鋼種、浸炭時間で決まる独自の係数です。浸炭する際には試験を繰り返して設備特有のkを見つける必要があります。そうすると、たとえば浸炭温度をいつも一定に設定しておくと、後は鋼種ごとの違いはありますが、浸炭時間を設定すると求める浸炭する深さが得られることになりま

図4.1　固形浸炭の段取り（瓶に装入）

す。ここで浸炭深さとしましたが、浸炭深さはJISでも定義があり、全浸炭深さと有効浸炭深さがあります。これについては後述します。上式を利用して簡単に計算すると以下のようになります。

　ある鋼種を9時間浸炭したとき浸炭深さが1mmになったとします。同じ鋼種を同じ浸炭温度（ほかの条件が同じとします）で浸炭深さを2mmにしたいときは、浸炭時間は何時間に設定しなければならないかという場合です。

　最初の浸炭では深さが1mm＝k$9^{1/2}$でしたから、k＝$1/(9^{1/2})$＝1/3です。そこで次の浸炭では、2mm＝k$t^{1/2}$ですからkを代入すれば、t＝36（時間）になります。浸炭深さを倍にしようとしたら、浸炭時間のルートに比例しますから長時間かかります。

　ドイツの工場はこの設備ですでに50年も前から操業していたそうですから、第2次世界大戦前です。今までの実績がありますから、鋼種は少し変化したとは言っても条件は把握していて標準作業を徹底していました。

　温度を上昇させるときは徐々に加熱します。浸炭温度に到達しても瓶内部はまだその温度に上がっていないので、経験で浸炭時間はプラス2時間を上乗せします。すなわち2時間経った後からが浸炭時間の始まりになります。浸炭時間は短

時間でネット5時間、長いときは20時間かかると言っていましたから、まる1日近くなります。装入と炉からの引き出し時刻を考えておかないと作業者の配置が混乱します。この工場は24時間体制でした。
　炉は同型が5基ありました。ちょうど浸炭時間が終了し、朝から冷却していた炉から瓶を取り出す時間でした。記録計の温度は300℃以下になっています。台車を引き出してもまだ2時間そのまま空冷です。やっと手で触れても大丈夫な温度に冷えたときに瓶を1個ごとクレーンで降ろし始めました。
　6個の瓶を並べて順に蓋を開けていきますが、まだ内部は熱いので作業は緩慢です。内部の製品の取り出しが終了した時刻は夕暮れでした。今日は製品をそのまま土間に空冷して帰ります。製品はどれも黒く光っていました。
　固形浸炭の作業工程は以上です。固形浸炭では焼入工程が分離していますから、次工程で焼入れを説明します。
　隣接した部屋に台車式の重油焚き焼入炉を設置し、その炉に前日浸炭した製品を並べてバスケットに収めて台車に乗せて装入しました。ほかの設備としては大型の焼入油を満杯した冷却槽があります。大容量で、一辺が5mと6m、その槽が半地下式に収まっていますから、油層の深さから推定すると90リューベも入る大型です。
　朝から加熱し始めて午後になってから引き出し、バスケットをクレーンで吊り油槽に焼入れしました。建家の天井は高いので危険ではありませんが、音と振動が激しく、油煙が立ち上り、凄い迫力で焼入れが完了しました。案の定しばらくするとバスケットを引き上げて、中吊りのまま冷却しています。冷やし切らないためです。
　すべてが終了した時刻はすでに夕方5時を過ぎていて、その時点では製品は冷えていました。作業者が数個の硬さを測定して異常はないと言っていました。今夜焼戻し工程に流れていきます。
　工場長に設備が少し旧式ではないかと質問すると、これが一番いい品質が得られるから替えることは考えていないと言っていましたが、ドイツ人の頑固さと、設備を大事に使う気質が感じられた見学でした。固形浸炭の現場状況の一端をドイツの工場の様子で感じることができたと思います。今でもこのような固形浸炭を行っているとは考えられませんが、ガス浸炭などに切り替えた時期はそう古いことではなかったと聞いています。日本でも固形浸炭はまったく見ることはでき

ません。

　実験室段階で固形浸炭を行うことはあります。鉄板を溶接して密閉箱を製作し、中に浸炭する製品を入れます。浸炭しない表面部分は粘土でカバーします。木炭粉は基本的にはドイツで行っていた浸炭剤と同じです。少量を行うとき、この方法の固形浸炭が便利です。

4.2 液体浸炭とガス浸炭

　液体浸炭は雰囲気が液体で製品はその中に入れて浸炭します。特徴は浸炭時間を短縮できること、浸炭温度を低くできるので、浸炭中の変形が少なくなります。液体に使用する浸炭剤は、炭酸系のナトリウムやカリウム、硫酸系の化合物ですが、過去には青酸系のナトリウムやカリウムを使用した時期もありました。青酸カリは猛毒化合物ですから使用するときは許可が必要です。学生時代はそれでもまだ悠長な雰囲気があって、薬品棚に並べてありました。

　2006年の冬、中国広州地区の熱処理工場を見学しました。そこでは数社が液体浸炭を行っていて懐かしい風景を思い出しました。まだ新しい設備もありましたから、ほかの方式に替えることも考えていないと思われます。日本では廃液処理に費用がかかり過ぎるためかなりすたれている方式ですが、中国では少々流しても何ら問題は出ていないということでした。規制があっても逃げられる手があるそうです。

　日本では浸炭としてはガス浸炭を多く行っています。とくに自動車産業では連続式の長い炉を設備して浸炭から焼入れ、焼戻しまで外部から見ることはできません。製品を見る時期は装入時と終了時だけです。

　浸炭深さが厚くなれば、浸炭時間が長くなります。そうすると炉の長さは浸炭時間と同じように長くなるか、進行速度が遅くなります。自動車業界の浸炭炉にはこのような長い連続炉が数本から10数本設備されていて、操業中であるにもかかわらず静かで、精密品の加工工場のようです。

　浸炭炉は多量生産品用であれば、生産性は自動連続炉の方が高くなりますが、一方で多種少量で浸炭する場合も少なくありません。浸炭焼入れを賃加工する工場や、多種類の産業機械や装置を製造している企業ではどのような製品にも対応

できる設備を設置しています。その浸炭焼入れ路はバッチ式です。バッチ式のガス炉は形状と浸炭方式によって次の2種類に区別できます。

・ガス式浸炭焼入炉（横型が多い）
・滴注式浸炭焼入炉（縦型で半地下式に設置します。通常はピット炉とも言う）

連続式浸炭焼入炉はコンベアで製品を搬送しながらその過程で浸炭していく方式ですが、バッチ式のガス式浸炭焼入炉は製品の搬送をしないで、炉中に装入したまま固定して時間をかけて浸炭する方式です（図4.2）。

炉の構造は浸炭扉前に製品の装入機構、浸炭炉、冷却兼焼入炉と油槽（下部）、引き上げ機構に分かれ、浸炭炉の前後に扉をつけています。本炉によって浸炭焼入れの過程を順に説明します。製品の前処理については後述します。

製品は種々の方法で固定してバスケットに段取りします。そのバスケットをクレーンで装入台に乗せ、装入時に浸炭炉の前扉を開けます。すでに浸炭炉にはガスを流入していますから、扉を開放するときには外部から空気が入らないようにガスの流量を多くします（自動化されている炉もある）。装入はプッシャ（エアー式やチェーン駆動式が多い）でバスケットを押すと、レール上を移動しながら炉中に装入されます。前扉を閉めると、これで装入が終了します。

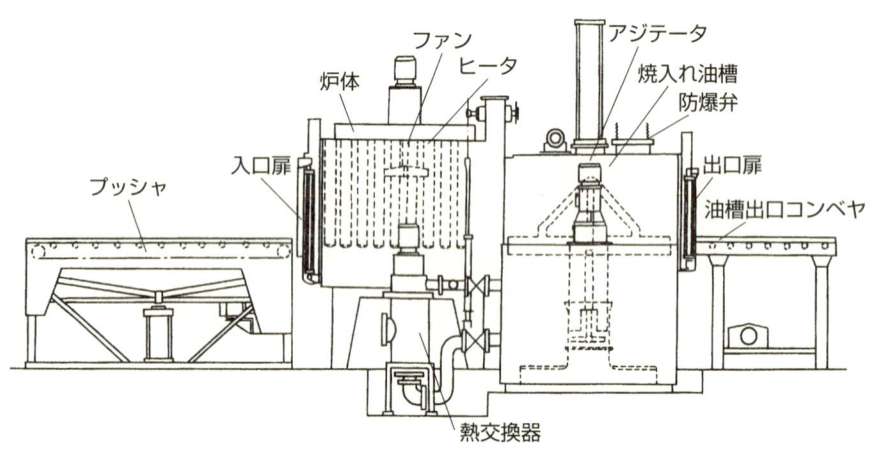

出典：東京熱処理工業（株）
「焼結機械部品—その設計と製造—」日本粉末冶金工業会編著、技術書院、1987年より

図4.2　ガス浸炭焼入炉

浸炭温度は設定されていますから、規定温度に到達し温度を保持し始めたら浸炭ガスを流します。浸炭時間の設定は固形浸炭の項で説明したのと同じで、浸炭深さによります。1回のチャージで、できれば同じ鋼種に揃えたほうが浸炭深さを統一できます。

　浸炭が終わると焼入れです。焼入れは工場によって独自の方法を採用していますから、ここでは操業の手順を優先して簡単に説明しますが、各種の方法については後述します。一番簡単な焼入れは直接焼入れです。

　浸炭が終了したら後ろの扉を開けて（この時点でもガス量を多くして外部からの空気の侵入を防止）冷却兼焼入炉に移動します。冷却兼焼入炉は上下に移動できる台を設置していて、移動してきたバスケット台を支えます。製品は冷却兼焼入炉中で焼入温度まで冷却し保持します。ここで焼入れの準備をします。

　所定の時間が経過したら、下部の冷却兼焼入炉中で支えていた台を下にバスケットごと移動して油槽に沈ませて焼入れが終了します。

　油中に浸漬し、温度が降下して変態が終了したら、台を引き上げます。製品は空気中でも冷却が進みます。なお、多くはマルテンサイト変態を徐々に進行させて焼割れやひずみを少なくするために、高温用（100〜150℃）の焼入油を使用することが多いようです。

　これで浸炭焼入れの一通りの流れが終了しました。もちろんバッチ式の炉でも装入から焼入れまでは自動式になります。連続炉との違いは、製品が炉中移動式かあるいは炉中固定式かの差異だけです。

　もっと簡単なバッチ式の炉では浸炭だけの炉と、焼入れだけの炉に分けている炉もあります。その優位点は浸炭炉の占有時間が長いため、浸炭炉を2基設備すれば回転がよくなるためです。しかし、その分手作業が多くなります。

　浸炭を1度大失敗したことがあります。浸炭が終了し冷却兼焼入れ炉に移動するとき、機器の操作を間違えて、支える台を焼入槽の下に移動したまま元に戻さず、受ける位置に置いていなかったのです。当然、製品はバスケットごと下に落下しました。製品は曲がりキズがつき全部お釈迦でした。監督責任として始末書を書いたのはやむを得ませんでした。

4.3 ● 変成ガスと浸炭炉

　バッチ式のガス浸炭炉を解剖してみましょう。ガス浸炭炉はガスが炉内に導入されますから、第1に漏洩を防止しなければなりません。ガスが漏洩すると外部に影響を与えるというより、炉の内部に空気が入り込むことが問題です。空気の流入は炉内のC濃度が変わり浸炭能力を低下させます。

　ここで浸炭の理論と能力に関して簡潔に説明します。

　炉に導入するガスは変成ガスです。浸炭炉とは別に変成炉を準備して、浸炭性の変成ガスを製造します。変成炉はNi触媒を内部に詰めています。触媒はいろいろな形状や大きさがありますが、たとえば5 mmサイズの球状に焼結した物質がそうです。変成炉中にこれを満杯に詰めて外部から炉を加熱します。外部加熱ですから吸熱型の変成になります。

　ガスは、20% CO、40% H_2、40% N_2を主体とする代表的組成に変成します。このガスは（吸熱型）変成ガス、あるいはキャリアガス、RXガスとも呼んでいます。使用するガスは天然ガスかあるいはプロパンガスですが、それらのガスを加熱した変成炉に導入します。

　ガスは変成炉中で標準の浸炭用ガスに変成されて、浸炭炉へ供給されます。

　変成ガスの浸炭平衡はガス中に微量存在するCO_2とH_2Oによって決まります。さらにCO_2とH_2Oとは水性ガス平衡で、$CO/CO_2=K \times H_2/H_2O$式から、いずれか一方が決まれば必然的に他方が決まる関係があります。

　ここで**図4.3**に、吸熱型ガス中の露点と平衡炭素濃度の関係図があります。曲線は一般的に浸炭する温度（927℃）だけを示しましたが、浸炭温度によってこの曲線は露点方向に上下します。たとえば浸炭温度が高くなると露点が低くなります。

　すなわち図からわかることは、浸炭平衡ガス中の露点と鋼中の含炭量との関係があるわけですから、H_2Oを計測すると鋼へ浸炭するC濃度を決定することになります。

　変性ガスの側から言えば、ガス中のH_2Oが少なくなり、露点が下がれば浸炭するという関係になるわけです。もちろん水性ガス平衡でほかのCOやCO_2あるいはH_2を計測して浸炭能を観測することも可能ですが、これらのガスは正確に

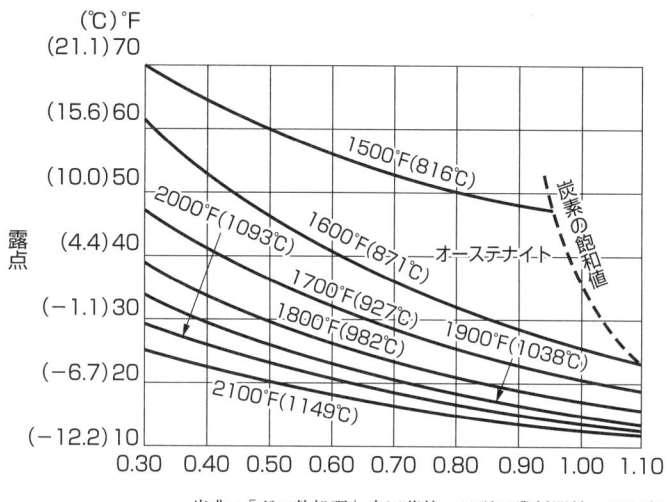

出典:「ガス熱処理」内田荘祐、日刊工業新聞社、1961年

図4.3　吸熱型ガス中の露点と平衡炭素濃度との関係

測定することが非常に困難であるのに対して、H_2Oの計測は微量であっても正確性があり、しかも敏速に測定できますから、リアルタイムに調整できます。

　図からは要求する表面炭素濃度を得るためのガスの露点を知ることができますから、変性ガスを調整するかあるいは変性ガスを冷却して要求する露点を作れば、いつも任意の表面炭素濃度の浸炭を行うことができます。

　露点の測定は難しい作業ではなく、**図4.4**のように外部から冷却可能な構造を有する容器中に変性ガスをインプットしたとき、容器の側壁に発露した温度を温度計で計測するだけです。専用の測定用容器が市販されています。電気的にブリッジ回路を作り、LiCl（塩化リチウム）を塗布した抵抗線の電流加減で自動的に読み取ることができます。LiClの吸湿性を利用した原理です。

　変成炉はうまく運転しているときは何も問題は生じませんが、長期に使用すると炉内に煤が詰まりガスの流入が疎外されます。そこで定期的に保守するため炉内の煤を払い落とす作業を行います。これが「バーンアウト」です。短時間であれば操業中に行うことはできますが、触媒と煤の焼きつきがあってバーンアウトできなくなれば、炉を停止して触媒を交換しなければなりません。そうなれば浸炭炉への変性ガスの供給は停止させなければならないので、操業中にはできない

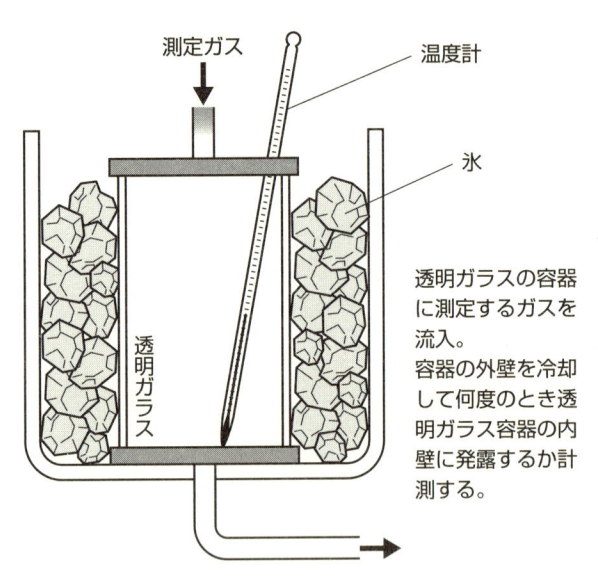

出典：「ガス熱処理」内田荘祐、日刊工業新聞、1961年

図4.4　露点の測定方法

保守です。操業を停止したくなければ予備の変成炉が必要になります。変成炉はかなり高温になりますから、熱電対の劣化などにも注意をおこたらないことです。また、使用するプロパンガスも使用中のガス欠がないように切り替えの予備が必要です。

　浸炭炉本体だけでなく、変成炉と配管なども含めてガスの漏洩にはとくに注意しなければなりません。計測値が正しくてもほかの原因で浸炭能力がなくなる場合も生じるからです。配管の調査も定期的に点検しなければなりません。ガスの漏洩調査の方法は石鹸水を利用すると簡単です。締結部に石鹸水を塗布しておくと、漏れがある場合は内部の圧で泡が生じます。

　浸炭炉で大きい問題が生じたことがあります。1974年当時のことです。浸炭炉は抵抗線に高Niのニクロム線を使用し、その抵抗線は全体をラジアントチューブに入れて浸炭ガスと接触することを防止していました。間接加熱です。炉の側壁に縦方向に並べて装着し炉外部の上部で並列に結線する構造です。チューブは径が120mm、1m長さが全部で20本は設置されていました。

　加熱能力は1、2本が断線しても保持時間（浸炭時）にはまったく問題はなく、

温度上昇中でも少々時間が長くかかるだけで加熱には余裕がありました。毎日24時間でフル操業していると2～3カ月に1本程度、断線しますから、炉上部に登って交換します。交換時はガスの漏れを最少にしなければなりません。結線の脱着はそう急ぐことはなく、漏洩はチューブの入れ替え時だけで、それも1分とかかりません。取り扱いは便利でした。ただし、温度の記録をときどき点検し異常がないかを見守らなければなりませんし、異常と思ったら線の断線を調べる程度でした。断線したときチューブの内部のニクロム線は溶着しているので使用不可です。しかし、チューブだけは傷みがなければ取り替えて使用していました。

　ところがある時期からニクロム線の断線とチューブの溶け落ち、破れが多くなってきました。ラジアントチューブを交換するたびに番号を記録していましたから、個別に寿命がよくわかります。平均して1本が2年はもつはずですが、半年どころか3カ月ももたなくなり、毎週交換するようになってしまいました。炉を設置してすでに15年も経っていて今まで問題は生じていなかったので、今さら構造上の問題が生じたとは考えられません。そこで、電気系の回路を点検をしましたが異常なしです。しかし、ラジアントチューブの購入費がふくらんでいました。これは予算オーバーです。そこでおかしいと感じたのです。

　チューブの購入先にもこの異常について疑問を提示しましたが、先方では今まで通りであるという返事だけでした。そこで意を決してチューブと中のニクロム線の成分分析をしたのです。結果は前もって聞いていた材質からほど遠くNi量が少ない材質でした。耐熱性がなかったのです。オイルショックの影響がこのようなところにも波及した時勢でした。

4.4 ● ピット型滴注式浸炭炉

　バッチ式の浸炭炉には滴注式のピット炉があります（図4.5）。炉構造は外形が丸形の円柱状です。炉長が高くなりますから、多くは半地下式に設置しています。装入と取り出しは上部から蓋を開けてクレーン操作して行う方式です。

　滴注式は変性ガスを利用せず、高炭素を含有する液体を炉上部から滴下して内部で分解してガス化し、浸炭性能を得る方式で、最近は非常に多用されてきました。変成炉が不要なだけでなく、操作性や設備面の安価さがあります。変成炉方

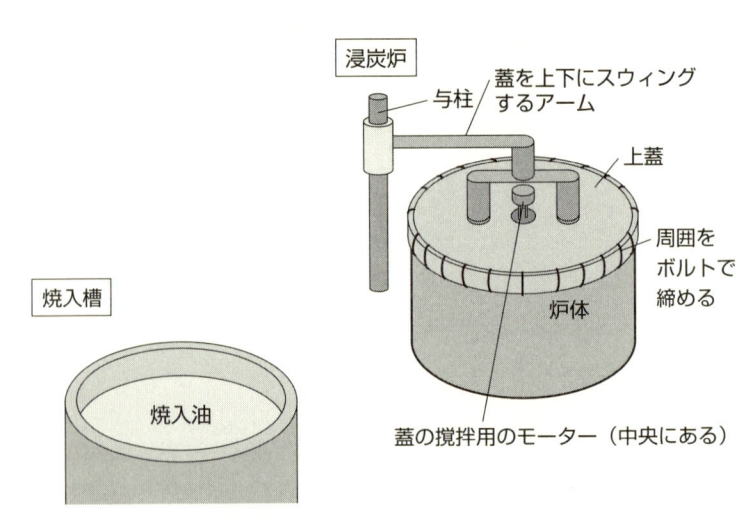

図4.5　滴注式ピット型浸炭焼入炉

式の浸炭と比較すると、一連の変性の設備が完全に不要になり、かなりの効率化になります。

　ピット炉は浸炭だけを行い、焼入れは温度を設定して冷却したあと、横に併設した焼入槽を使用しますから、同じく焼入槽を半地下式に並べて据えつけます。

　ピット炉を使用した経験を紹介しましょう。まず、浸炭性能は素晴らしく制御や調節作業が簡単です。設備面では初期の投資が少なく、ランニングコストも安くなりますから、浸炭焼入れの製品単位当たりの原価が安くなりました。円柱型のピット炉にして長軸を縦に装入できるようにしました。この点でも品質上の利点を得ることができました。その反面、やや問題を残したのは、炉内のガスの撹拌性は上部のファンだけでは炉下部まで届かず、テストを行った限りで浸炭深さにわずかな差異を生じました。撹拌はこれが限界ではありませんから、現在は改善されていると考えられます。

　次に以下の問題は大きいと感じました。

　浸炭が終了して焼入作業に入るときです。上部の扉を開放してクレーンに前もって取り付けた専用のフックをバスケットに引っかけて吊り上げます。クレーンの位置を炉の真上に停止させていないと、バスケットが揺れて炉に当たるなどの原因になります。吊り上げは迅速にして隣の焼入槽に横移動します。焼入槽はすでに蓋を開けて（蓋をつけていなければ極めて危険）撹拌しています。焼入槽の

真上にクレーンを停止させたら、降下させて焼入れの開始です。バスケットの全部が油中に収まってやっとホッとします。

　製品の温度を推定しながら時間を待ち、時期が来たらクレーンを引き上げて焼入槽上の桁にバーを渡し、その上にバスケットを置いて油を切りながら空冷します。クレーンは次の使用のため移動させます。

　この一連の作業は設備を導入する前々から頭に描いていました。焼入れで最大に重要なことは焼入速度です。そこでクレーンの動きが悪かったら元の子もありませんので、クレーンの横縦移動と上下速度（モータと減速機は別になっている）を最大にとれる特殊品を選定しました。しかしそれでも希望していた速度より遅かったのです。そのため、焼入れ中にフックを下げる場合、バスケットに火がついてしまうこともありました。それよりもっと問題だったことは、バスケットを炉から引き出して焼入槽に入れるまで、目視していると上部と下部に段取りした製品の温度に数℃の差異があったことです。

　試験を繰り返して、この温度差による硬さの差異はないことを確かめましたが、同時に温度差がなくなる工夫を考えました。それはバスケットの上部の外周に薄板を回して取り付けて空気による冷却を減じたことです。その分、薄板の冷却が余分になりますが、段取りした製品の冷却はもちろん問題なく、温度の差異も少なくなりました。とくに1本の軸で温度ムラがなくなる効果がありました。

　焼入槽に投入するときは油に火がついて一瞬火が立ち上りますが、油槽にバスケットが沈んでしまうと火は消えます。しかし、焼入槽の真上はいつも熱気にさらされています。建家の天井裏は野地板でしたから気が気ではありませんでしたが、幸いにも火がつくことはありませんでした。しかし、新規に焼入槽などを設置する場合は防火についても検討すべきです。なお、クレーンのモータや減速機部分は遮蔽板を取り付けて防火対策を施工していましたし、点検時は焼きつきなどを観察し注油も怠りませんでした。

　しかし、1度大変なことが起こりました。クレーンを焼入炉から取り出す際にフックを取り付けて横移動していたときのことです。突然クレーンが停止してしまったのです。すぐ建家の壁上に階段で上がり、点検をしたら異常はありません。やっと原因がわかったのは30分後でした。操作ペンダントのボタンの接触が悪かったためでした。

　今回は横移動している最中でまだ炉の扉を開けていませんでしたから、浸炭時

間が長くなった分だけ浸炭深さは深くなったでしょうが、大きい品質上の問題は出ませんでした。しかし、これが焼入れするために引き出しているときや、焼入槽に投入しているときであったら焼入れの品質を確保する以前に火災が発生していたかも知れません。そういう事態が生じることはあり得ることです。停電もそうですし、機器類の突然の故障もありますから、どんな事態に遭遇しても対応ができるように考えておかなければなりません。天井走行クレーンだけに頼らず、ジブクレーンの併設なども効果があるはずで。緊急対策の演習が必要と感じました。

次の問題はピット炉用に使用するバスケットは製品を段取りして並べたすべての部材を吊り上げますから、剛性が必要です。炉に装入するときはもちますが、浸炭を終了して高温のまま吊り上げるときは高温の強度が必要になります。

最初、炉から取り出すためにフックをかけてバスケットを吊るとき、バスケットの上部部分が変形したことがありました。バスケットは自家製が多いでしょうから、その強度対策、構造を効果的に設計しなければなりません。製品全部とバスケットの重量を比較するとネット重量を多くする方がいいのですが、限界はあります。バスケットは次の段取り、焼戻しにそのまま使用している分などもあり、数個が必要です。バスケットは浸炭にさらされたままですから、次第に表面が高炭素になり、粗くなって亀裂が生じ、剛性も劣化して寿命になります。寿命の判定時期を決めることも重要なことです。

半地下に据えつけるときは地下面に目がいくことは少なくなります。とくに焼入槽周囲には油のこぼれもあります。清掃はもちろん必要ですが、油の漏洩を考えると溜升(ためます)が必要です。

4.5 ● 浸炭焼入れの作業

浸炭の際、気をつけなければいけないことがあります。浸炭は鋼表面のC濃度を管理しなければなりません。C濃度は炉中のCOとCO_2の比によって決まりますから、目的のC濃度になるように設定します。通常は0.8〜1.0%程度が多いようです。C濃度を1%より多くしても焼入れ後にとくに硬さが高くなることはないためです。むしろC濃度が高くなると過剰浸炭になり、異常な組織が現

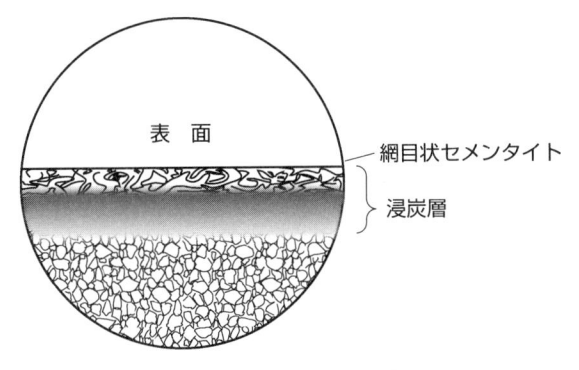

図4.6　過剰浸炭組織

出します。それが網状セメンタイトです（図4.6）。

　C濃度が高くなるとセメンタイト量が増加し、鋼表面近傍に網目状になって出てきます。C濃度が高く、浸炭時間が長くなるとこれが形成されます。過剰浸炭でC濃度が1％を超えるときに出やすくなります。網状セメンタイトは硬くはなりますが、脆く、のびがなくなり、表面から亀裂する原因になります。ちなみに、網状セメンタイトが発生したときの対策としては、球状化焼なましを行ってセメンタイトを切って球状化すればかなり改善できます。

　浸炭では工場によってさまざまな管理を行っています。浸炭が標準作業通りに行われたかを確認する必要があります。それらの項目は表面のC濃度以外に浸炭深さがあります。浸炭深さは製品で調べることはできませんので、製品と同鋼種のテストピースを同時に浸炭し、終了後に破壊して浸炭深さを調べます。

　工場では浸炭深さを浸炭時間の長短で管理するところが多いようです。浸炭深さはほかに浸炭温度にも影響されますが、ロットごとに温度を変えることは管理が難しくなるため、浸炭時間で管理するようです。浸炭深さは浸炭温度を一定にしたまま、浸炭時間で決定しますが、鋼種ごとに前もって試験を繰り返してその関係を確立しておく必要があります。

　鋼種によっては浸炭深さに差異が生じます。Cr、MoやVなど炭化物形成元素を含有する鋼種は浸炭深さが深くなりやすく、Niなどオーステナイト形成元素では逆になります。大きな違いが出るようであれば鋼種ごとに浸炭時間を設定しなければなりません。あるいは鋼種の違いだけでも浸炭温度を変える手もあります。むしろ後者が管理しやすいかも知れません。

表4.1　浸炭深さと浸炭時間の例

浸炭深さ（mm）	浸炭時間（H）
0.5以下	2
0.5～0.75	3
0.75～1.0	4
1.0～1.25	8
1.25～1.5	12
1.5～2.0	16
2.0以上	20

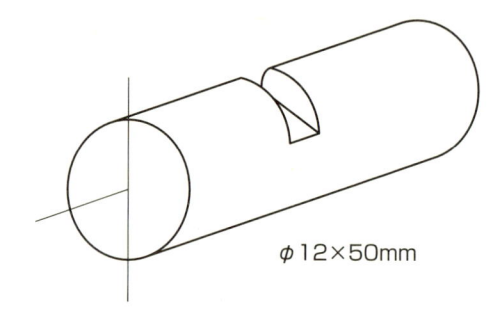

図4.7　浸炭テストピース例　φ12×50mm

　浸炭深さと浸炭時間を表にすると作業者はわかりやすく、時間をすぐ設定できます（表4.1）。浸炭と同時に装入するテストピースは形状を図4.7のように決めていました。テストピースは製品とまったく同じ鋼種のロットではありませんが、前処理は同じにしておきます。丸鋼を切削して12mm径、50mm長とします。表面は粗くならないようにします。長さの中央部に平フライスで1mm幅の切り込みを径の1/3深さまで入れます。スリット状の溝です。

　テストピースは在庫がなくなったら半年分程度大量に製作して防錆しておきます。製品をバスケットに段取りするときに、同時にこのテストピースを2個バスケットに括りつけます。テストピースは両端面にチャージナンバーを刻印しておきます。

　同時に記録を記載します。記載内容は、浸炭作業年月日、浸炭作業者、製造番号、チャージ番号、客先と製品名、個数、鋼種、テストピースの浸炭深さとC濃度（浸炭終了後の測定値を記録）、浸炭焼入条件（熱処理履歴を図にした空欄に温度と時間を入れる）です（図4.8）。この記録は重要で後々まで（保管期間は10年）残しておきます。

　テストピースは浸炭終了後に2個のうち1個を中央の切欠部で破断します。破断は簡便な手作業できる油圧器を使用していました。破断後に浸炭深さをルーペで測定します。熟練すると正確に測定できます。さらに表面の火花を飛ばしてC濃度をチェックします。

　テストピースは破断した分を管理箱に保管しますが、もう1個は焼入れまで製品とともに進めて全部終了した後に記録用紙と併せて長期保管します。本来なら焼入れしたテストピースも顕微鏡で観察したらより確実になりますが、でもその

第4章　浸炭焼入れ

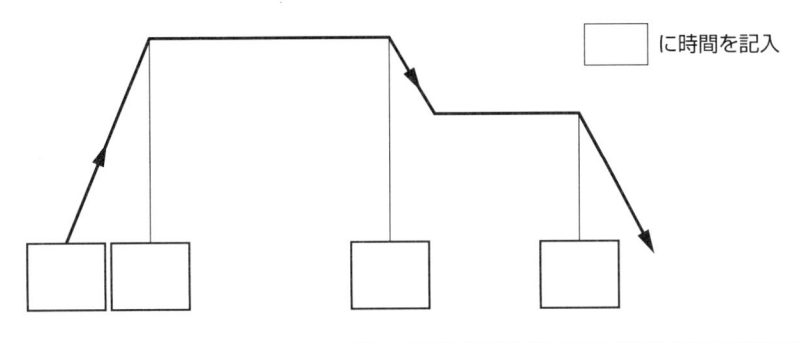

□に時間を記入

作業月日	年	月	日	時
作 業 者				
製 造 No.				
チャージNo.				
客　　先				
製 品 名				
個　　数				
鋼　　種				
テストピースNo.	C%		深さ	mm

図4.8　浸炭作業記録例

ときは製品ができあがっています。浸炭焼入れはどちらかというと浸炭時に問題が発生しやすいので、浸炭の可否を確かめておけば、もし問題が起こっていると判断したら修正が可能になると考え、浸炭の結果を優先していました。事実、浸炭炉の調子が悪かった時期にテストピースの結果が悪かったため数度、浸炭をやり直したこともありました。

　浸炭した製品は機械や装置に組み込まれて長期にわたり稼働します。後々故障や破壊が発生したときに、この記録とテストピースがとても役に立ち、その価値は大きいものでした。もちろん浸炭焼入れが悪いという意味ではなく、正常であったかどうかの判断ができますし、ほかの原因調査が可能になるわけです。

　浸炭後の焼入れは高温の冷却油（商品名ダフニーハイテンプ）を使用していま

した。温度が160℃です。この焼入油は冷却性能に優れ、寿命も長く、優れていました。半年に1回定期的にメーカーが性状検査し保守をしてくれていました。長く持つときは3年も変わりがないので全量の交換は3年にしていました。

　浸炭焼入れではひずみや曲がりの仕損はありましたが、焼割れが生じたことは皆無でした。それで最終の検査はショットブラストした外観、打ちキズの有無、ほかは主に硬さの測定だけでした。

　しかし、あるとき大きいクレームの連絡を受けました。減速機装置から金属の破片が交換油とともに出てきたというのです。続報でその破片は歯車の歯の一部が欠けたもので、火花試験の結果、浸炭されているというのです。驚いて同じロットとテストピースを調べました。同ロットの製品がほかに2個あり、それもすでに稼働していることがわかりました。テストピースでわかったことは炉の調子が悪いときの製品で、改めて顕微鏡検査をしてみると過剰浸炭のために網状セメンタイトが出ていました。テストピースのチェックで見逃していたのです。残りの同ロットの製品を考え、すぐ予備を製作して、調査の結果を待ちました。

4.6 ● 浸炭後の焼入法

　浸炭焼入れは正常な作業と管理を行っていれば、品質上の異常は生じないはずです。しかし、万が一ということもあります。確実を期するなら、割れ検査が必要です。

　浸炭焼入れが終了したら、サブゼロ処理、低温焼戻しを行い、温度が室温に戻る時間を待って表面の清浄化をショットブラストで行います。この後が品質検査です。硬さ測定が主ですが、ここで割れ検査を行うことは品質の確保をする意味では完璧になります。浸炭焼入れ品が大物か小物、多品種か少品種かによって検査のやり方を変えます。抜き取り検査を行うことも可能です。

　浸炭焼入れ品の割れ検査はカラーチェックあるいは磁気探傷試験が適しています。前者は一般に使用する簡便で安価な方法です。かなり微細な欠陥も目視できますし、熟練度も高度ではありませんし、どこでも利用できますのでお勧めします。

　磁気探傷試験は設備が必要です。現場で移動して試験できる簡便な機器も市販

されています。これも少しの経験を積むと誰にでもすぐ利用することができます。注意することは磁界の方向を考えて3次元のチェックを行うことです。磁界の方向と直角であれば割れが明瞭に現出しやすいからで、見落としが少なくなります。

　外観の割れはこの2つの方法で充分です。しかし内部の割れあるいは割れの深さについては判別できません。その場合は、超音波探傷試験を併用することになります。この方法は外部に現出していない内部の欠陥に対して有効です。鋳造後の引け巣や、砂噛みなどの内部欠陥に対して最も適しています。

　浸炭焼入れ後の割れ検査に関しては生産の形態によって、どのような試験機の利用を行うかなどの管理手法を検討します。

　浸炭後の焼入れに関しての話が遅くなりました。その方法は大きく分けて、次の3通りあります。
・直接焼入れ
・1次焼入れ＋2次焼入れ
・1次焼入れ＋2次焼入れの小変更

（1）直接焼入れ

　直接焼入れは、浸炭が終了したら焼入温度まで降下し、一定の時間に保持した後に焼入れする方法です。保持時間は通常の焼入れと同じです（**図4.9**）。
　このときの焼入温度の設定が重要です。浸炭では表面部が高炭素ですが、内部は低炭素です。もともと浸炭に使用する鋼種（浸炭鋼あるいは肌焼鋼とも言う）

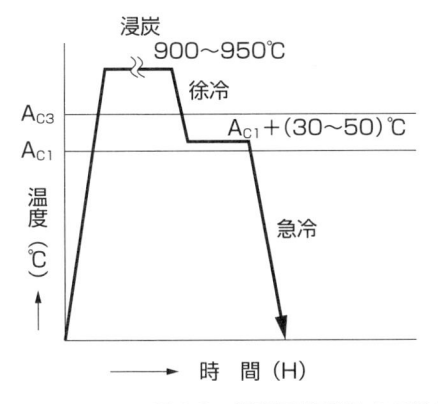

図4.9　浸炭直接焼入れの熱履歴

は低炭素で、おおよそ0.2%前後です。そうすると浸炭したあとは表面と内部のC量が異なる複合した鋼になっていると考えなければなりません。C濃度が異なると、一般の焼入れの際、たとえば亜共析鋼ではA_{c3}点以上のオーステナイトに加熱した後に焼入れしましたし、過共析鋼であればA_{c1}点直上でした。それでは表面部と内部ではどちらを優先して考えなければならないかということになります。

もしA_{c3}点以上で焼入れすれば表面部は極めて高い焼入温度になり、おそらく結晶が粗大化したマルテンサイトになるでしょう。組織は硬くてもかなり脆くなります。でも内部は適正なマルテンサイト組織になり問題はありません。しかし低炭素であるため、そんなに硬くにはなっていません。焼入温度を説明するために状態図（**図4.10**）を示します。

反面、A_{c1}点直上ではどうでしょうか。内部は低炭素ですから、低い温度では完全にオーステナイト組織にならず、まだフェライト組織が残存しています。だからこの温度で焼入れするとフェライト組織はそのまま残り、オーステナイトがマルテンサイト組織に変態するだけです。ところが表面の高炭素部は適正な焼入温度ですから、完全にすべて（残留オーステナイトは存在する）マルテンサイト組織になります。

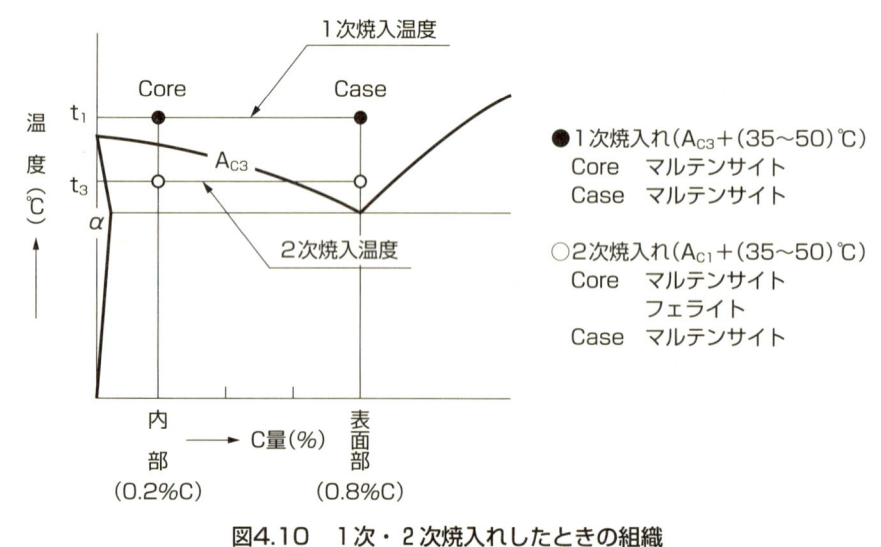

図4.10　1次・2次焼入れしたときの組織

さて、どの焼入温度を採用すべきでしょうか。一般に浸炭焼入れは表面部の高炭素を優先して硬いマルテンサイト組織にするため、その部分に合う焼入温度を採用します。とすると直接焼入れでは、A_{c1}点直上まで低下して焼入れする手順をとることになります。内部は後回しです。

浸炭焼入れは表面部の硬さを最高に保ち、靱性は内部の軟らかい組織と硬さで保持する目的がありますから、品質の点からは合致するわけです。たとえば歯車の歯を例に取ると、表面の硬さが耐摩耗性を持ち、内部が曲げに対して靱性を有することになります。

(2) 1次焼入れ＋2次焼入れ

1次焼入れ＋2次焼入れではどうなるでしょうか。結論を先に述べますと、1次焼入れは内部の低炭素部を優先した焼入温度です。だからA_{c3}点直上で焼入れします。そのあともう1度焼入れするのです（**図4.11**）。それが2次焼入れです。2次焼入温度は今度がA_{c1}点直上です。したがって今度は表面部の高炭素部が適正な温度になります。それでは1次焼入れした内部はどのようになるでしょうか。結果は、2次焼入れした温度で再度加熱されて変態した後、もう1度焼入

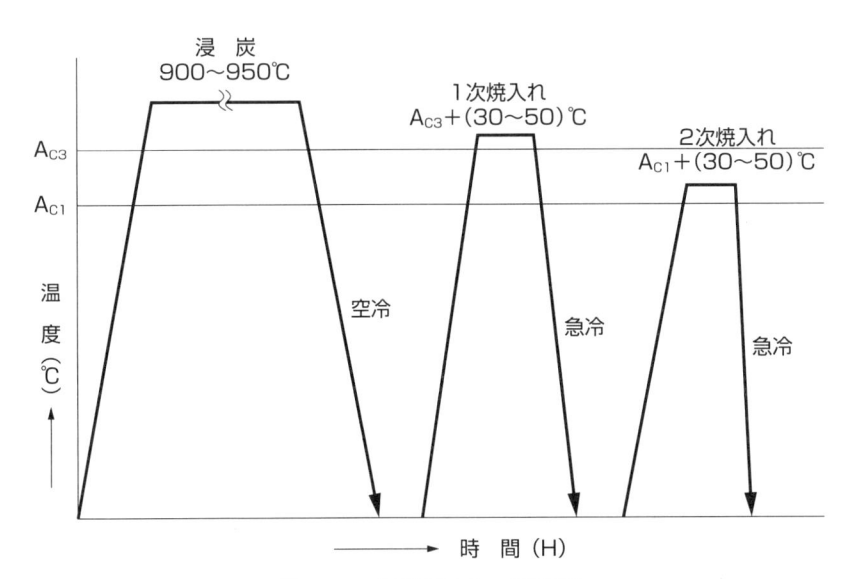

図4.11　浸炭焼入れの熱履歴

れしますから、最初の組織は消失してしまいます。だから1次焼入れは何の意味もなくなるはずです（組織の考え方は直接焼入れの説明通り）。

ところが1次焼入れを行っておけば、それをしていない場合と比較すると内部の機械的性質が大きく異なり、とくに靭性に優れてくることが確かめられています。1次焼入れを行う意味は充分にあり、重要です。

それでは直接焼入れと比較したら、どのような差異が生じるでしょうか。結論は、それだけの手間をかけて行った、1次焼入れ＋2次焼入れの方が優位です。そこで大物、重要品については、1次焼入れ＋2次焼入れを採用し、小物、雑品は直接焼入れという生産方式を採用することができます。でも2度も焼入れを行うと欠点が生じてきます。それは製品のひずみや曲がりが大きくなることです。

(3) 1次焼入れ＋2次焼入れの小変更

そこで私が採用した方法は1次焼入れ＋2次焼入れですが、ひずみや曲がり対策をとり、1次焼入れ＋2次焼入れの有効性を少しでも確保したいため、1次焼入れの冷却方法を強制空冷にしました（**図4.12**）。すなわち1次焼入れで油冷に替えて空冷で焼入れを行うことです。もちろん表面の脱炭の対策はしています。

この試験方法を正式に採用する前に機械的性質をほかの方法と比較しましたが、遜色はなく、ひずみも少なくなり極めて有効でした。この方法が実施できた理由は最近の浸炭鋼の品質向上もあります。1度検討してみてください。

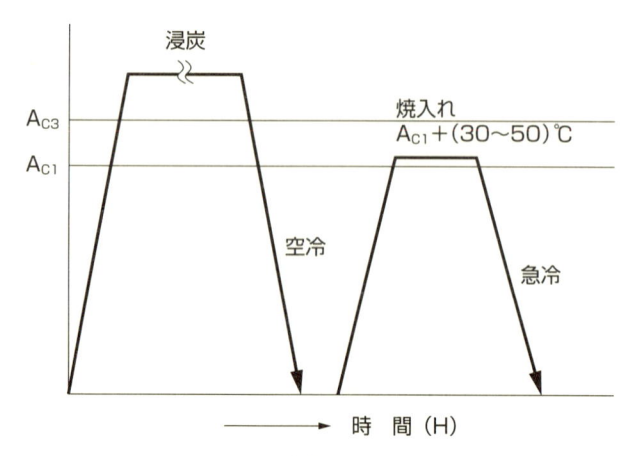

図4.12　改善した焼入方法

4.7 ● 熱処理工場と溶接機

　依頼を受けて熱処理工場の視察と評価を行っていました。第三者としての目で格付けを行い、ほかからの注文に適しているかを判断する目的です。依頼先の工場は熱処理を賃加工する企業が主でしたが、メーカーとして内部に熱処理部門を抱えているところもありました。

　工場を視察するとおおよその工場のレベルが如実にわかります。工場内の設備、作業者の熟練度、熱処理の品質などが手に取るように判断できます。工場の様子はいろいろで、熱処理している品目も違っていますし、どこも固有のやり方、管理がなされていました。

　工場はすでに視察の予告をしてあるので清掃が行き届き、安全通路も掃き清められています。しかし、即座の視察ですから、いつもの状況を全部払拭することはできません。やはりボロが出るのです。

　あるとき工場のコーナーに溶接機が据えつけられていました。熱処理工場にそのような機器が必要であるわけはありません。また熟練した溶接技能者もいないでしょう。どうして溶接機があるのかを工場の監督者に聞きました。質問したときに監督者はシマッタというような顔をしましたが、返事は治具やバスケットを作るためだと言い訳をしていました。しかし、溶接機の周辺には使いかけの溶接棒数本が散乱していましたし、その種類には肉盛用の溶接棒もありました。

　溶接を行うことはやむを得ない状況があるとしても放置したままの溶接棒の管理はずさんですし、その種類を見ても何を行っているか想像ができます。おそらく何かの姑息な対策をとるのでしょう。このような熱処理工場は格付けが低くなりますし、注文を受ける機会も制限されるでしょう。

　熱処理工場はある日の状況を確認するだけでは評価ができません。過去の記録、テストピースの保管状況、作業者の資格と教育訓練の仕方など、多くの調査項目があります。それらを丁寧に調べて監督者や、管理者から聞き出すとほぼ工場の品質管理の評価ができます。

　素晴らしい工場であればどれか1つの項目を調べていくと、納得できる成果が目に見えてきます。そうなるとほかの項目を調べる必要はなくなってくるほどです。たとえば作業者の資格取得について見てみますと、既取得者が数人いたとし

ても、これから教育を受ける作業者に対して日程を決め、教育内容を選んで着実に行っています。作業者本人だけに任せているわけではなく、監督者や管理者が一緒になって実務の訓練と座学の教育を行っているのです。

　レベルが高い工場はこうした日々の積み重ねが次第に全体のレベルを引き上げて素晴らしい技能者を育てていくことになります。技能者や技術者のレベルは数字では現れませんが、そうであればあるほど内包する力は大きくなります。

　溶接機の存在を例にしましたが、ほかにも同様な事例はあるはずです。そう言いながら私自身も失敗の対策を施したことはあります。

　鋼種がＳ35Ｃで直径が300mm、500mm長のピンの円周部全面を高周波焼入れしたときです。うまく行ったつもりだったのですが、出荷前の磁気探傷試験で表面にヘヤークラックが発見されました。検査した結果をまとめると、次のようなものでした。

- 表面硬さはHs 75で少し高めである
- 旋盤加工した面粗度が粗く、そのバイト跡に沿って割れが走っている
- 割れの長さは40mmである
- 超音波試験の結果割れの深さは２mmである

以上に対して割れの原因を考察しました。硬さはいつもの値がHs 70であり、今回は高いので、焼入温度が高かったためか、ピンの表面の粗さが粗く、バイト筋が過熱されたか、と２点考えました。その後の高周波焼入れはすぐ対策をとりましたが、失敗した今度のピンを生かすかお釈迦にするかを検討しました。結論は、生かすことにしました。その理由は、

- 割れ部は直接に剪断がかかる位置ではない
- 溶接修正を行い完全に欠陥を消失することが可能である

と意見一致し、溶接を施工しました。溶接のために１級技能士を選定しました。溶接準備は遺漏なきように万全をとりました。

- ピンは事前に割れを手持ちグラインダーで完全に除去し、キズの断面形状の溝に曲面を設ける
- 除去後は再度磁気探傷と超音波探傷試験を行い、異常がないことを確認する
- ピンを炉中で200℃に予熱する。保持時間は５時間
- 低水素系の溶接棒は充分に乾燥予熱しておく

　準備は以上です。溶接電量の調整も前もって予行しました。さあ、いよいよ溶

接です。下向溶接にするためにピンを横に倒してキズ面を上にしました。予熱しているのでかなり熱く、汗が出てきます。防護をつけて作業者が溶接すると、すぐハンマーで溶接部を叩きます。火色がまだ残っているときから叩き続けると加工硬化します。溶接が終了すると再度炉中で200℃に後熱しました。それ以上に加熱したいのですが、高周波焼入れしているため限界があります。翌日冷えたピンの表面をグラインダーで丁寧に研磨して表面部を修正しました。磁気探傷と超音波探傷試験を行い欠陥がないことを確かめました。

このピンは使用中に何かの異常が発生しても人的には問題が起こらない箇所、取り替えが容易な箇所に使用することにして組立に送りました。

問題が発生したときに総合的に種々の角度から検討し、全員の相違で意見をまとめていくことは必要であり、こうして進めた製品は後で異常はまず出ません。決して局部で隠して素人の対策をすることは慎まなければなりません。

第5章

火炎焼入れと高周波焼入れ

5.1 ● 火炎焼入れの原理

　鋼は表面の一部だけを焼入れすることができます。鋼全体を加熱する必要はありませんから、いたって省エネですし、処理も迅速です。そればかりか、焼入れによるマルテンサイト変態の硬化だけで硬さが高くなるだけではなく、圧縮応力が追加されます（後述）。

　鋼の表面だけを焼入れする方法は実用的には火炎焼入れと高周波焼入れがあります。

　火炎焼入れは炎焼入れともいい、原理はガスで部分的に加熱して急冷する方法です。前に紹介したポンチの製作の部分焼入れがそうです。ガスは主にアセチレンガスやプロパンガスを使用します。従来のアセチレンガストーチの火口で汎用的に加熱ができます。本格的に火炎焼入れを行うときは専用の火口を製作して使用します。次の場合は、火炎焼入れが適しています。

・製品が多量であるとき
・特殊な形状部であるとき
・高周波焼入れできない形状と大きさのとき
・現地で焼入れするとき

　専用の火口は焼入れしようとする部分の形状に沿って設計します。一発焼入れか、あるいは移動焼入れするかによって火口形状が異なります。火口の製作は銀ろうづけの技能を有する作業者であれば可能です。

　経験では大型歯車の歯の焼入用火口を製作しました。対象品は直径が4mを超える大型の鋳鋼歯車（鋼種SC 450）でした。歯のモジュールが32ですから歯の大きさを高さで表すと80mmに達します。ほかの歯の仕様は歯幅が250mm、歯数が131です。直径がもう少し小さければ高周波焼入れ装置に段取りができそうでしたが、ちょうど仕事量が多く、使用できない状態だったため、実績を出す意味もあって火炎焼入専用の火口を製作しました。

　焼入方法は当初、歯底（歯溝）に火口をセットして、左右の歯面を同時に移動しながら焼入れする方法を考えました。鋼のC濃度は連絡によると0.31でしたから、水冷却を安心して使用できます。こうすると歯溝にも焼きが入り、歯元の曲げ強さに効果が出ます。しかし、部分的に歯のモデルを作って仮に作った火口

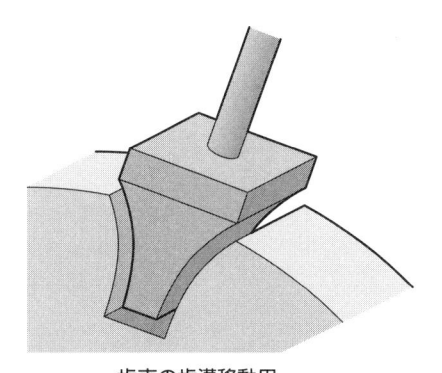

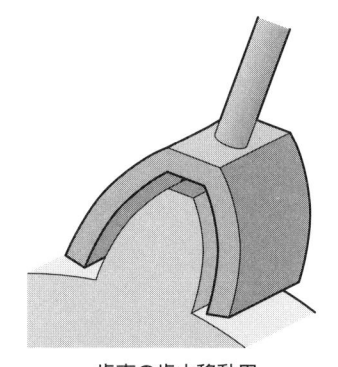

第5章 火炎焼入れと高周波焼入れ

|歯車の歯溝移動用　　　　　　　　　　歯車の歯山移動用
火炎焼入用火口　　　　　　　　　　　火炎焼入用火口

図5.1 大型歯車の歯の焼入れ

　で繰り返し試験すると、どうしても前の歯の焼入れした片面が戻されてしまいます。歯元の曲げ強さの効果は得られませんが、仕方がないので、最終的には歯山の形状に合わせて火口を製作し、山を歯幅方向に移動して焼入れすることに決定しました（**図5.1**）。

　歯の形状を型紙に取り、マシニングセンターに軌跡をインプットして真鍮材を切削し、ろうづけして火口を作り上げました。難しい点は火口の穴の加工です。加熱容量を検討して火口の穴の直径と個数を決めました。それが済むと水冷用の冷却管も同時に加工します。火口は焼入れ用の水の通過だけでなく、火口本体部、とくにろうづけ部を充分に冷却しておかないと亀裂が生じてほかからガスが漏れ出てきます。

　こうして火炎焼入れは滞りなく終了し、品質的にもよい結果を得ることができました。最終の磁気探傷試験では全部の歯をくまなく調べて問題はありませんでした。この歯車は2個依頼が来ていましたが、1日のうちに早く終了したのでほかの処理品の納期に影響することなく納品でき、併せてノウハウを積み上げることができました。

　このように火炎焼入れは高周波焼入れを補足するというより、自社で実用化すると有効な面があります。

5.2 ● 高周波焼入れの原理

　高周波焼入れに利用する誘導加熱の原理を簡単に説明します。

　加熱の原理は電気的な誘導加熱です。例を示しますと、変圧器の1次側に電圧がかかると2次側に電圧が発生します。それと類似して加熱する鋼（2次側）の周囲にコイル（1次側）を巻き、コイルに交番の電気を流すと、2次側の鋼の表面部に磁束が生じて誘導電流が流れます（**図5.2**）。鋼は磁性体で形成されるヒステレシス損失により誘導加熱されて温度が上昇するという仕組みです。鋼は磁性体ですから加熱されますが、銅など比磁性体は加熱されません。

　高周波焼入れはこの仕組みを持つ設備を設置しなければなりません。高周波焼入れを主業務とする企業は種々の仕様、能力を持つ装置を揃えていますが、汎用的に利用しようとすると、1種類だけ設置するときは選択に困ります。高周波発生装置は以下の形式があります。

・火花発振式発生装置
・電動発電式発生装置
・真空管式発生装置
・インバータ式発生装置

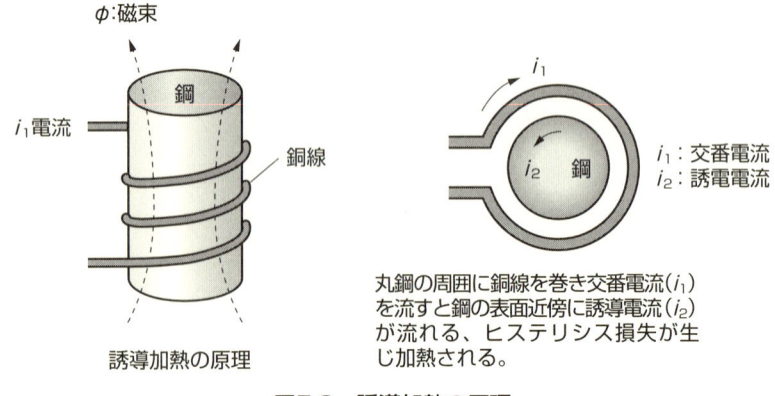

図5.2　誘導加熱の原理

(1) 火花発振式発生装置

　火花発振式発生装置（ギャップ式高周波装置とも言っていた）は60年以前に一般に使用されていた方式です。著者が熱処理工場に配属された1968年当時に、すでにもう20年余は使用実績がありましたから、敗戦後まもなくの時期に設置した設備と推定します。

　これは銅製の中空コンデンサーを数十個縦に連結して1基とし、全部で4基を連結して設置していました。コンデンサーには冷却水を流しています。各コンデンサーはギャップを開けてそこに火花を飛ばしますが、これがときどき水漏れして停止します。すると手慣れた作業者が装置のコンデンサーを取り外すか、危急のときは故障したコンデンサーを飛ばして連結します。作業が終了するか、一段落したときにコンデンサーの修理をするのです。でも水で濡れているのですぐにはできません。布で拭いて乾燥してやっと銀ろうで漏れ箇所を防ぎます。コンデンサーは何度も銀ろうで修理していますから、キズだらけになていました。

　使用していた火花発振式高周波発生装置は周波数がいくつであったか資料も残ってなく、覚えていません。焼入深さがあまり深くなかったことから推察すると、周波数が30〜50kHz、出力は50kW程度ではなかったかと思います。出力調整が不安定で再現性が乏しく効率も悪く故障がちでしたので、なかなか標準作業を行うには苦しめられた装置でしたが、いま考えると面白く簡素で懐かしい装置でした。もうどこにも動いていない装置でしょうが、あれば会いたいです。

(2) 電動発電式発生装置

　実用的な高周波発生装置の特徴を簡単に説明します。**表5.1**を参照してください。

　電動発電式高周波装置は主に周波数が20kHz以下と低く、焼入れに使用されています（低周波の場合は鋳造用として溶解に使用）。出力も2,000kW程度までの大型装置が多く、構造は発電機と同じですから堅固で効率が高く、保守は軸受を定期的に交換するだけで取り扱いも良好です。しかし設備費用が高くなります。焼入深さは周波数で決まりますが、重荷重用で深い焼入れを要求する製品には適しています。

表5.1 主な高周波電源と特徴

	電動発電機式（MG）	電子管式	サイリスタインバータ式	トランジスタインバータ式
周波数　kHz	〜20	10〜1,000	〜10	〜500
単機容量　kW	〜2,000	〜800	〜5,000	〜1,000
変換効率　％	〜85	〜65	〜94	〜95
主な消耗品	軸受	電子管	なし	なし
据付面積	大	中	小	小

出典：「表面技術便覧」表面技術協会編、日刊工業新聞社、1998年

（3）真空菅式発生装置

真空菅式発生装置は真空管を用いた発生装置で、保守上は取り扱いに注意し、交換部品は主に寿命が短い真空管になります。周波数は高い域が多く、10〜1,000 kHzが多くなります。小物品で焼入深さが浅い製品に適しています。出力は800kWの大容量もあります。しかし、最近はインバータ式に替わる機会が多くなりました。

（4）インバータ式発生装置

インバータ式発生装置はサイリスタやトランジスタを使用した発生装置です。効率が非常に高く、交換部品もないので保守が簡単で、据付面積も少なく最近は多く使用されるようになりました。

（5）焼入深さ

高周波焼入れによる焼入深さは計算式があります。電流の侵入深さをδ（cm）とすると、次式のようになります。

$$\delta = 1/\{2\pi(10^{-9}\mu\rho f)^{1/2}\}$$

ρは導電率（Ω）、fは周波数（Hz）、μは実効導磁率です。簡単な式では、

$$\delta = 5.03 \times 10^3 (\sigma/\mu f)^{1/2}$$

でも表すことができます。いずれにしても周波数が小さくなると作用する深さは大きくなります。

しかし実際の加熱深さは加熱中の熱の伝導が影響するため、周波数や材料が変

わらなくても電力の投下や加熱時間によって異なってきます。たとえば電気の投入を断続的に行って熱伝導を行うと加熱の深さは深くなります。周波数が高く焼入深さが小さくなる場合は、このような手法で焼きの深さをカバーすることもできます。

　高周波焼入れでは通常、周波数が10〜500 kHzの間を選択しますが、大物品は周波数が3〜5 kHzと低い範囲を使用して焼入深さを大きくします。また出力は加熱面積の平方インチ当たり5 kWが適しているとされています。高周波装置の選択に際しては品質上では周波数と出力の2面を検討する必要があります。

　加熱したあとの焼入れは火炎焼入れとまったく同じ原理です。一般に冷却剤は水を利用しますが、場合に応じて焼入油を使用することもあります。しかし、水に比較して取り扱いが容易ではないため、それに替えて、水溶性のポリビニールアルコール（PVA）系の高分子水溶性の焼入剤を使用するところもあります。

　火炎焼入れと同じですから冷却部は圧力水を噴射して急冷します。冷却部はノズルの数、分布、直径などを入念に検討して加工しなければなりません。加熱と冷却の両方の能力バランスをとらなくてはなりません。

　火炎焼入れと同じですが、ここで硬化層深さについて、その定義を説明します。硬化層深さはJISに規定しています。大きく分けて次の2通りの定義があります（**図5.3**）。

　　・全硬化層深さ
　　・有効硬化層深さ

　なお、後になりましたが、浸炭焼入れによって表面部が焼入れされる際の硬化層の定義もこの考え方を利用します。

　全硬化層深さは表面を焼入れしたとき、内部に至る硬さが内部の硬さと同じになる距離を示します。すなわち硬さの深さが何も焼入れしないときの、もともとの内部硬さに至る距離のことです。このとき焼入硬さは内部に入るに従って低くなっていきますが、その勾配については言及していません。

　全硬化層深さは硬さが変化する距離ですが、同時に組織も変化しています。全硬化層を利用する目的は、大まかに硬化層を表すには簡単で便利な図面指示ができるという理由があります。しかし勾配については表していないため、硬さと距離の関係を重要視する設計であればこの方法は適していません。たとえば最表面の硬さが非常に高くても、内部に入ってすぐ勾配が急で極度に硬さが低くなり、

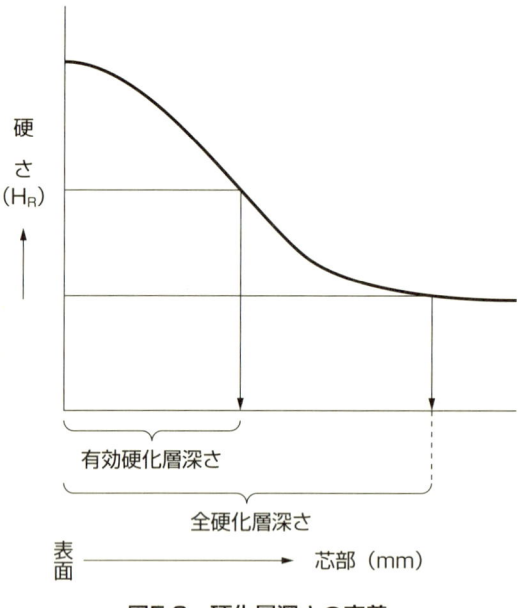

図5.3 硬化層深さの定義

それでもダラダラと内部硬さの距離まで深く入るという焼入れもあるでしょう。その例では硬さが低下する過程の内部の部分は有効ではありません。

そこで途中の過程も含めて有効性を重視した定義が、有効硬化層深さです。有効硬化層深さは、鋼が含有するC濃度別に有効硬さをJISに定めています。その値を**表5.2**に示します。C濃度が異なると有効値が変化するためです。たとえばCが0.4％鋼を例にしましょう。表からはHv 400が有効硬さの値になります。よって焼入表面から内部方向に硬さが低くなりますが、Hv 400に下がった位置までの表面からの距離が有効硬化層深さとなります。

表5.2 有効硬化層の限界硬さ

鋼の炭素含有量 %	ビッカース硬さ Hv	ロックウェルC硬さ H_{RC}
0.23以上0.33未満	350	36
0.33以上0.43未満	400	41
0.43以上0.53未満	450	45
0.53以上	500	49

それでは最表面の硬さの絶対値に問題はないのだろうかということも気になります。しかし、高周波焼入れあるいは火炎焼入れ、浸炭焼入れも同じですが、最表面は通常の正しい焼入れを行うと必ず硬さは高くなるのでこれでいいとしています。

　設計ではどちらかの方法で図面指示しなければなりません。設計計算上、有効硬化層深さが必要であるなら必ず記載しなければなりません。ただし、最表面だけの硬さが必要なときや、全硬化層深さがある程度確保できたらよいというときは、有効硬化層深さの指示をやめていいでしょう。熱処理を行うときは有効硬化層深さが指示されると、前もって確認する試験を行いますから手間がかかります。もちろん実績があれば省略できますが、初めての鋼種のときは必須です。

　JIS規定がない頃は図面指定もありませんでした。その頃、ある鋳鋼の大型歯車の歯面が実働開始して1年経過を待たず、深さが1mm剝離したことがあります。原因は有効硬化層が浅かったためでした。

5.3 ● 高周波焼入れの特性

　高周波を利用して焼なましを行ったことがあります。加熱のオンとオフを繰り返して熱伝導によってある程度の深さまで加熱して保持すると、焼なましができます。

　高周波焼入れは設備が持つ特有の周波数と出力によって、加熱が深さに及ぼす影響が決まりますが、周波数を切り替えできるインバータ式装置以外では、周波数固定の発生装置のため焼入れの範囲が限定されます。そこで、上で示した焼なましの例のようにオンとオフを操作して深さを大きくする手法をとることができます。本来は邪道と言えばそうなりますが、実際は可能です。

　しかし高周波が発揮する最も優れた特徴を失うことになります。それは高周波焼入れは急速加熱と急速冷却が可能ということです。結果として高い硬さを得ることができます。しかし、高周波によって加熱を徐々に行い、加熱の伝導を得て深さを大きくして焼入れしたときと比較すると、同じ硬さが得られません。

　高周波で急速加熱し急速焼入れすると硬さがもちろん高くなりますが、マルテンサイトの大きさは非常に小さい組織です。一方、徐々に加熱したときの組織は

大きくなります。もし同じ硬さであっても品質上は前者が優れていて、耐摩耗性にも差異が出てきます。

表面の硬さをビッカース硬さ計で実際に測定してみた場合、測定時に見えるダイヤモンド痕跡の対角線の長さはどちらも同じだとしましょう。痕跡の全体形状をつぶさに観察していくと違いがあります。それは急速急冷で得られたダイヤモンドの痕跡の外形周囲が直線ではなく、内部へ曲がって見えます。内部側に凹んだ曲線で、直線ではありません。一方、徐々に加熱した場合のそれは、直線かあるいはむしろ内部へ凸状になっています。ダイヤモンドの形状が総じて膨らんでいるようです（**図5.4**）。

このような形状は硬さの結果だけが原因ではありません。表面部の応力の差異による結果でそうなります。急速加熱、急速冷却で処理したときは最表面部に非常の大きい圧縮応力を残します。変態応力だけではなく熱応力が加味されるわけです。反対に徐々に加熱するときは圧縮応力が残存せず、むしろ引張応力が生じることになります。

応力の圧縮と引張りは製品の機能にとって有効かどうか、試験した結果を示します。

圧縮と引張りのそれぞれの応力が生じるように高周波焼入れして、同じ硬さにした軸を引張試験します。そのとき明らかに前者の引張強さが大きくなります。引張強さは圧縮応力に打ち勝ったのち、さらに材料の許容応力を超えることになりますから、圧縮応力が残存する分だけが強くなります。この現象は明確です。

高周波焼入れ時に徐々に加熱するといかに急速冷却しても、圧縮応力が残存しにくくなり得策ではないのです。

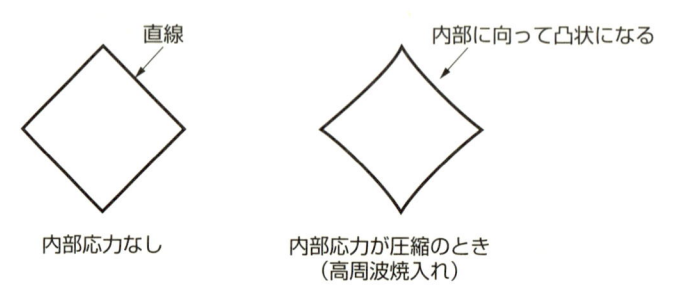

図5.4　ビッカース硬さ測定における圧痕形状

（1）耐強度の増加

　現況の自動車に使用されている車軸で考察してみましょう。軽自動車の現物を解体屋で入手して驚きました。火花試験の結果は鋼種がSMn○○○でしたが、車軸の直径は25mmと小さい軸でした。この車軸で100kmの速度を超えて走ることを考えると末恐ろしく感じます。一昔前にも車軸の調査を行ったことがあります。そのときの軸直径は45mmでしたし、鋼種はSCM○○○でした。現在の車軸が最小化してそれでも充分な強さを持ち外力に耐えることができるかを調査すると、いろいろな対策が施工してあるのです。

　2つの車軸の鋼種を比較すると、SCM材はCrとMoを含有した合金鋼で強靱ですし、直径が45mmと大きく調質されています（**図5.5**）。これほど強い鋼を使用してあると安心します。一方、現在のSMn材は強靱鋼ですが、合金はMnだけですから、調質しても比較すると明らかに劣位です。それでも充分に耐えて走っているとしたら、前者はもともと過剰品質だったのでしょうか。

　自動車工業は1円でもカットして厳しいコストダウンを追求しています。過剰な品質ということは過去でもあり得なかったはずです。とすれば過去の軸も現在の軸もギリギリで安全を確保して機能を果たしていると考えなければなりません。

　現在の軸はどのような配慮をして強さを確保しているのでしょうか。結果は、軸表面を高周波焼入れしているのです。軸表面は摩耗するところではないので焼入れする必要はないと考えることが普通です。ところがそうではなくて、すなわち耐摩耗性を得る目的ではなくて、高周波焼入れで表面の硬さを高くして、焼入

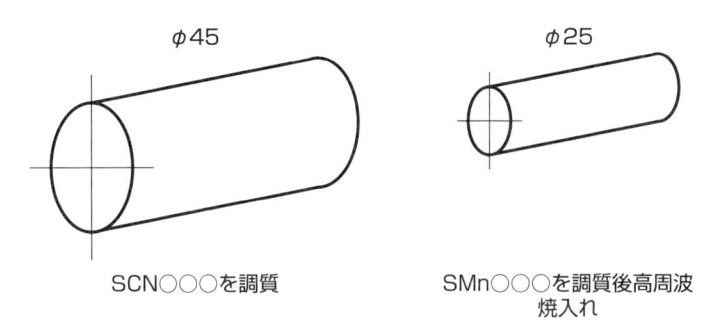

φ45　　　　　　　　　　　φ25

SCN○○○を調質　　　　　SMn○○○を調質後高周波焼入れ

図5.5　自動車車軸の直径

層の硬さを増加して強さを確保する目的と、さらに最表面に生じる圧縮応力を併せて利用し、追加して耐強度を増加しているのです。

　自動車産業はできるだけ価格が安い鋼材を利用し、各種の対策を施工して強さを確保し、軽量化によりコストを削減しているのです。軽量化はただ単にその軸の重量だけに効果があるだけではありません。総合的に車体全体に波及することを期待しています。

(2) 耐疲労の増加

　圧縮応力はこのように材料の許容応力を増加させます。さらにもう1つの重要な特性があります。それは耐疲労です。

　高周波焼入れして圧縮応力を残存した軸類の疲労試験は多く発表されています。疲労限が向上して寿命が長くなります。自動車の部品の中では、FR車（エンジンを前部に搭載して後輪を駆動する形式）のドライブシャフトの外周面を高周波焼入れし、耐強度の増加と、耐疲労性を増しています。

　設計時には耐摩耗を考えるだけではなく、疲労限度を向上させる目的も併せて利用し、安価な鋼種に転換し、形状を軽薄短小化して軽量化による総合的な付随効果を得るメリットは大きいと考えます。

5.4 ● 高周波焼入れの事例と新技術

　高周波焼入れには、次のような焼入れ方法があります。
- ・全体一発焼入れ
- ・部分焼入れ
- ・移動焼入れ

これらは焼入れする箇所によっても区分できます。焼入法は設備の能力、周波数、冷却剤の種類などにより選択します。たとえば歯車の焼入れを例にとって説明しますと、
- ・歯車全体一発焼入れ
- ・歯1枚ごとの焼入れ
- ・歯1枚ごとの歯底（歯溝）移動焼入れ

第5章　火炎焼入れと高周波焼入れ

・歯1枚ごとの歯山移動焼入れ
・歯1枚ごとの歯片面移動焼入れ

が採用できます。

　歯車全体を一発焼入れする方法は高周波電源の出力が大きく、歯車の歯部全体を一挙に急速加熱できる能力があるとき採用します。周波数も歯部が輪郭に沿って加熱できて硬化層が得られる条件になります。

　歯1枚ごとの焼入れは歯1枚を歯幅までコイルで囲って焼入れする方法です（図5.6のi）。歯1枚の全体焼入れと言ってもいいでしょう。歯1枚を囲うことはしますが、歯溝に行うことはないようです。

　移動焼入れは歯の歯幅方向に移動しながら焼入れを進めていく方法で、どの部

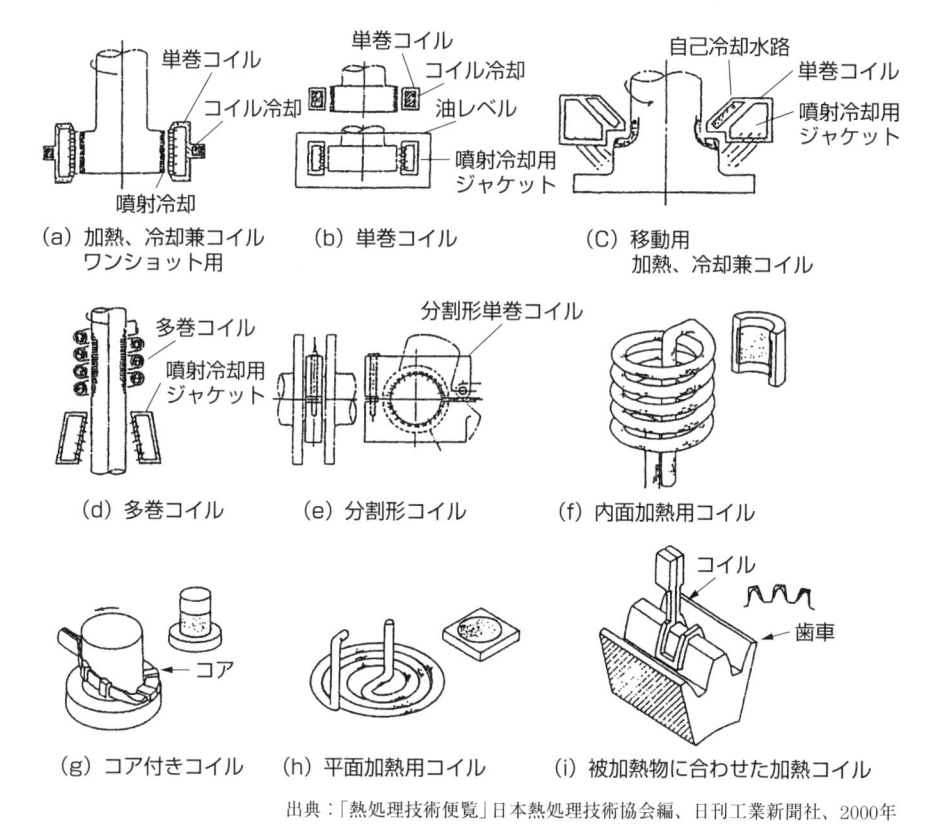

(a) 加熱、冷却兼コイル　ワンショット用
(b) 単巻コイル
(C) 移動用 加熱、冷却兼コイル
(d) 多巻コイル
(e) 分割形コイル
(f) 内面加熱用コイル
(g) コア付きコイル
(h) 平面加熱用コイル
(i) 被加熱物に合わせた加熱コイル

出典：「熱処理技術便覧」日本熱処理技術協会編、日刊工業新聞社、2000年

図5.6　加熱コイルの例

分に沿って行くかによって上記の種類があります。

　それぞれは一長一短があります。全体焼入れは作業性がよく処理が早くなります。能力があれば最も生産性は高くなり品質も良好です。全体焼入れに準ずる方法は歯1枚ごとを焼入れする方法です。品質上は歯底あるいは歯元が焼入れしにくくなり良好とは言えません。歯幅が長い場合は、焼きの入り方が均一になりにくいこともあります。

　移動焼入れのうち品質的に優れる方法は焼入範囲を歯底まで可能にすることです。歯底を焼入れすると歯元にも焼きが入り歯の曲げ強さが増加するためです。大型歯車で、全体一発加熱できない形状やモジュールが大きい歯の場合に適しています。作業上困難な点は、歯がねじれている仕様のときで、コイルの移動をねじれの角度に合わせて調整することがなかなか困難です。

　歯山の移動は歯底より容易です。コイルの形状が歯底用よりシンプルで、汎用性があります。ただし、歯元部分に焼きが入らないので品質上はやや劣ります。

　歯の片面を移動焼入れする方法は大モジュールのときに利用します。歯底や歯山では加熱の能力が不足する場合です。モジュールが大きくないときは、すでに焼入れした歯面が後から焼入れする面の加熱によって影響を受けて焼戻されることもあります。

　以上各種の焼入方法を説明しましたが、これらは冷却剤の種類によっても選択される場合があります。

　歯車の全体焼入れに際して製品の鋼種が、冷却剤に水を使用すると焼割れを起こす危険があるとき、加熱した直後に製品を取り上げて焼入油を満たした冷却槽に移して焼入れする方法を採用していました。水のように噴射はできませんが、安定した品質が得られていました。その後、水油で焼入れしたこともあります。ただ、大型品になると迅速な移動ができなくなり、限界が生じました。

　加熱の能力が小さいために全体焼入れあるいは移動焼入れでも不可能な場合がありました。直径が500mmのピンの外面焼入れです。500mmのコイルを製作して軸方向に移動焼入れすればいいのですが、これも能力がありません。そこで、移動焼入れを円周方向に行うことにしました。ただし移動するにしても軸方向に区分して数回を行う必要がありますし、円周を移動してきたら継ぎ目がラップします。そこで製品の機能について設計と連絡を取り合い、その結果、円周をスタ

ートする位置を変えて同列に継ぎ目が来ないようにし、継ぎ目部分は焼入れしない部分を残しました（**図5.7**）。ピン全体の品質としては充分でありませんが、機能的に考察して能力をカバーしたやむを得ない手法でした。

　石炭掘削用の天井枠という2m高さの架台を百数十個ほど横に連結して使用する装置で、架台を連結する部品（連結金物、S 48 C）の焼入れをした経験があります。焼入部の形状は**図5.8**の通りで、互いの連結部を合わせてリングで留めます。焼入部の形状は凹部ですから加熱が困難で、ほかの角部の過熱や、温度の不均一が生じました。やむを得ず断続加熱を繰り返して温度分布を制御し水油焼入れしてうまくいきました。

　高周波焼入れで困難な形状は、複雑形状、傘歯車の歯部、パイプやシリンダー内面などです。これらはそれぞれの場面で熱処理屋さんは試験をして積み上げたノウハウを持っているはずで、実際の経験が技術力を左右します。シミュレーシ

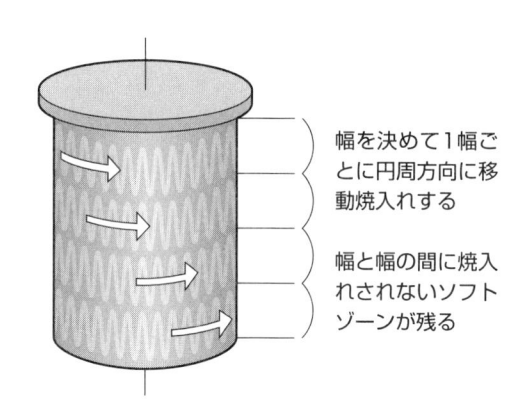

図5.7　出力不足の場合のやむを得ない移動焼入れ

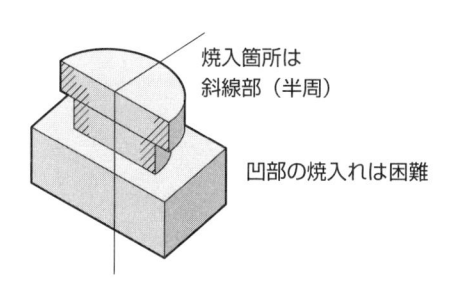

図5.8　連結金物の焼入れ

ョンでは検討できないので、必ず実験することが大事です。

　新しい高周波焼入れを紹介します。大型歯車の全体一発焼入れです。予熱を3 kHzの400 kWで数秒加熱した直後、電源を切り替えて、150kHzで600kWを0.5秒超高速加熱しで一瞬に超急速焼入れします。硬化層は歯底まで波目状に得られて品質上は特級品になります。これを超高速加熱急速焼入法と言っていますが、設備力が前提になります。

　次は大径のロールの焼入れです。500～3,000kHzで移動による高深度焼入れが実用化されています。有効硬化層深さが15 mmと非常に深くなります。同様にレールの焼入れがあります。従来、初期の頃は火炎焼入れでした。これが高周波焼入れに替わり実施されてきました。現在は高深度焼入法を採用し、全硬化層深さ15mmを超える品質を得ています。

　高周波を応用して焼戻しを行い、硬さを失うことなく緻密で靱性を得る研究が進められています。実際に焼戻しに高周波を使用しましたが、温度調節が困難で、数物に対して時間制御すれば可能でした。生産性などを考慮しても確かに有効です。

5.5 ● 窒化による表面硬化

(1) 窒化の特性

　窒化とは窒素と化合するという意味です。窒素はNですから、鉄と化合すればFeNです。このようにNが元素と化合して窒化物を形成し、この化合物が非常に硬いという特性を示します。硬い化合物を作るためにNを選択した元素と化合させる方法が窒化です。窒化には、次の2つがあります。
・液体窒化
・ガス窒化

　液体窒化は塩浴にN成分を溶融しておき、窒化対象物を装入浸漬してNを浴中で化合させます。塩浴中に溶融する物質は、NO_3基、CN基がありますが、後者は有毒であるため使用できません。液体窒化は短時間処理ができ、品質もよいのですが、液体浸炭と同じく廃液処理に費用がかかります。

これに替わる方法で最近多用してきたのがガス窒化です。ガス窒化は窒化炉中にNH₃ガスを導入して、製品は窒化温度500〜550℃で100時間以上処理します。この間にFeがNと化合して表面に硬いFeNを作ります。Nが表面からFeに浸透しながら化合しますが、浸透には時間がかかり、化合層は薄く、全硬化層深さで表すと0.1〜0.3mm程度になります。

　窒化は炉にNH₃を導入しますから、ガスの漏洩があってはなりません。NH₃ガスは刺激臭が強く少量を嗅ぐだけで涙が出て息ができません。そこで炉の保守には漏洩を重視してシール部や配管の連結部を定期的にチェックしなければなりません。操業中に漏洩が発生すると作業者を退避させ、防毒面を着用して即刻修理する必要があります。

　NH₃ガスは炉に導入するときは圧がかかっています。炉内は正圧です。余剰ガスは炉外に出して燃焼しなければなりませんが、多くは配管を通して建家外に出し硫酸などに吸収化合した後に燃焼させています。燃焼による生成物も除去する環境対策も必要です。

　手間がかかるガス窒化ですが、得られる品質は優秀です。それらの特性には、次のようなことがあります。

・外観が銀白色で綺麗である
・硬さはHv 1,000以上が得られる
・処理温度の500℃まで耐熱性があり、硬さが低くならない
・浸炭焼入れや高周波焼入れに比較しても変形やひずみが少ない
・加工したあとの最終工程で処理が可能になる
・精密品に適している

その反面、硬化層深さが少ないので重荷重用には限界があります。

　適している鋼種はJIS規定のSACM 645があります。この鋼種はAl（アルミニウム）を含有しています。AlはNと親和性がよく、AlN化合物を形成し、硬さがHv 1,200と非常に高い物質ですから有効です。CrとMoを含有する理由は焼入性を向上するためです。

　ガス窒化処理する製品の製造工程は次のようになります。まず、処理前は鋼材の表面粗度を小さくします。そして、素材—機械による荒加工—調質（SACM 645はC濃度が0.45ある）—機械仕上加工（研磨加工を含む）—ガス窒化と進みます。

表5.3　歯車製造の変更

①SCM 415材
歯切加工——浸炭焼入れ——歯車研摩
②SACM 645材
調質——歯切加工——ガス窒化

　ガス窒化を行った表面は研磨による方法以外では加工ができません。どうしても後に切削などの加工を行う場合は窒化を防止する必要があります。窒化防止剤には、完璧を期すなら Sn（錫）メッキですが、簡便に Sn 剤を溶かした刷毛塗り用の塗料が市販されています。歯車での参考例を**表5.3**に示します。

　ガス窒化はあくまで化合物の性質を利用する方法ですから、焼入れによるマルテンサイト組織の硬化ではありません。したがって、焼戻しの必要はありません。耐熱性があること、処理温度の500℃までは硬さの低下がないことの理由がここにあります。

(2) ガス窒化の導入

　1974年当時、設備にガス窒化を追加して新しい熱処理を行う計画を立てた発端は、新規の機種、遊星歯車変速装置を開発し製造拡販するためでした。ガス窒化の長所である精密さを最大に利用し、歯車に応用する目的が果たされたのです。

　従来までは新規の機種に浸炭焼入れした歯車の歯面を研削して精度を最大に上げ、組み込んでいました。しかし、製造原価が高く販価を下げるに至りませんでしたから、方式を替えることを決定したのです。

　JIS の規定には SACM 材がありましたが、都合により採用した鋼種は SCM 435 を選び試験を繰り返した結果、甲乙つけがたいことがわかり、浸炭焼入れに替えて本鋼種を採用しました。Cr と Mo 含有鋼も Hv 1,000以上の硬さを得ることができます。

　ガス窒化の採用によって歯面の研削は不要になり調質が追加されましたが、浸炭焼入れより原価が低減し、全体にかなりのコストダウンを果たすことができました。変速装置の販売が増加しましたからガス窒化炉の投資の回収は容易になりました。それはほかの機種の熱処理と鋼種、製造工程の変更が可能になったからです。

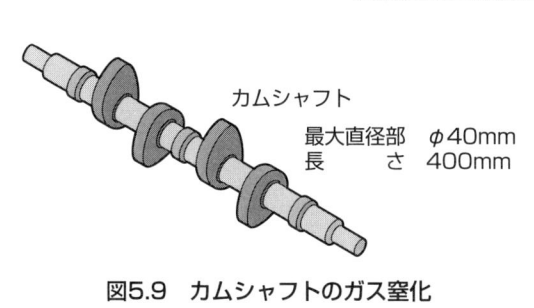

第5章　火炎焼入れと高周波焼入れ

カムシャフト
最大直径部　φ40mm
長　　さ　400mm

図5.9　カムシャフトのガス窒化

　少し紹介しますと、内燃機関用に使用していたカムシャフトがあります（**図5.9**）。従来は浸炭焼入れ品でした。カムシャフトは異形ですから浸炭焼入れでは曲がりが発生し、その修正にかなりの手間がかかっていました。浸炭焼入時には余肉をつけて熱処理後に加工して仕上げる方法を採用したこともありました。しかし、浸炭防止していても硬さは高いので加工は難儀していました。どうしても曲がり直しを施工できないときは、焼なましを行って再焼入れしたこともありますし、前もって予測した曲がりの量を反対側に反らせる方法も実施した経緯がありますが、全面解決に至っていませんでした。

　ガス窒化に変更した結果は寸法精度、変形。硬さなどすべて良好でした。さらに寿命が伸びたことは客先から賞賛されました。部品の注文数は少なくなりましたが、それに値する価格に設定しました。従来の浸炭焼入品は内燃の温度から影響を受けて硬さが戻されるため、寿命が長くなかったのです。

　このようにガス窒化は耐熱によい効果を示します。ガス窒化炉を導入したことは社内の製造方法を大きく変えることができ、相乗効果が出ました。

第6章

熱処理の事例

6.1 ● 連続炉のスピード

　連続自動炉は焼なまし用、焼入れ焼戻し（調質）用と浸炭焼入れ用の用途が多いようです。いずれにしても炉に装入したら、炉外に取り出すまで自動で炉内を進みますから、作業はありません（**図6.1**）。

　炉内では予熱、加熱、冷却の過程を踏みますが、生産性は装入量のほかに炉のスピードによって決まります。そのため、装入量は最大にして炉中を進行する速度を決定しなければなりません。

　焼なましの場合は、設計時に焼なまし温度を設定したら、次に保持時間を決めます。装入後、焼なまし温度に達するまでの時間は、製品の肉厚、装入量に影響を受けますから、速度を変えた試験を行い、そのときの装入製品の内外部の温度を計測し、速度と温度の関係を確認します。次に、保持時間に炉中を進む速度を乗じると炉長が計算できます。この炉長が焼なましに必要な炉の長さになります。

　以上の計算式により、既設炉の一定の炉長の中で効率的な進行速度を計算します。

　焼なまし後に冷却する場合も同様の計算を行います。完全焼なましでは冷却にかける時間の分だけ炉長が必要ですから、むしろこの冷却帯で進行速度が決まります。

　先般、高炭素鋼の球状化焼なましを連続炉で行うとき、進行速度を求める相談を受けました。既設の連続炉の図面をいただき、速度試算の方法を連絡しましたが、この場合は炭化物の球状化の良否が評価になります。そこで重要な点は最終

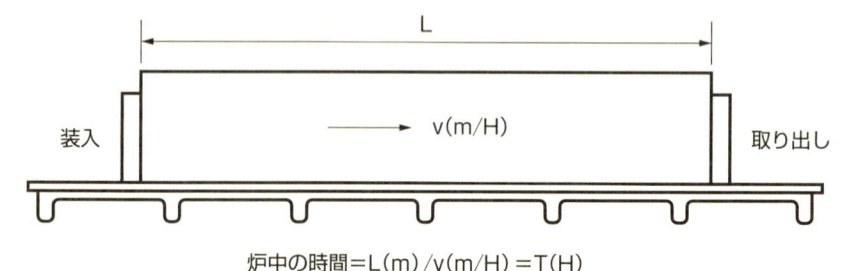

炉中の時間＝L(m)/v(m/H)＝T(H)
T(H)は加熱時間＋保持時間＋冷却時間

図6.1　連続焼なまし炉

的に組織を観察して炭化物の状態（サイズ、分布）を試験して確認することです。

　球状化が不足すれば限られた炉長ではできないことになりますから、球状化の熱履歴を変えて試験することです。それで解決できればよいのですが、まだ不足すれば2～3回の処理を行う必要も出てきます。

　調査結果は1回の球状化焼なまし処理では球状化が不完全で、炭化物は大小のサイズで不均一に分布していました。熱履歴の試験も繰り返しましたがそれでも解決しませんでしたから、処理を3回行い、やっと結果的に良好な組織を得ることができました。

　連続炉で浸炭焼入れを行うときの進行速度の考え方は焼なましと同じです。浸炭工程が中核の処理になり、この保持時間が最も長くなります。

　ただし、浸炭温度を高低して浸炭性を変化させ、浸炭時間を短縮することも可能です。1鋼種を絶えず処理するときは変化させることはできませんが、異なる鋼種や、浸炭深さを変化させるときには、浸炭時間が変わりますから、このときも試験を行い、データを蓄積することが望まれます。

　連続炉は順調に操業しているときはまったく問題はありません。連続炉は自動化が進んでいるので簡単な作業で充分ですが、一般の炉に比較してより炉の保守や覗き窓から内部を絶えず観察して異常の有無を確認するなど、工程中の点検にはとくに気をつけておかなければ大量のお釈迦が発生する危険もあります。

6.2 ● 鋳造品のバラツキ

　著者の勤務した工場には鋳造部門があり、内製品と外販品の一部が熱処理に流れてきていました。鋳造品は鋳鋼です。熱処理担当から見ると鋳造品には均質焼なましが必要ですが、当時はほとんど処理せずに次工程に流していました。それ以外の焼なましや焼ならしも行っていなかったのですが、それは設備的な限界と原価高が理由でした。

　熱処理部門は鋳造部門と別の組織ですから関係はなく、責任もありませんから、眺めていただけでした。しかし、熱処理工場に流れてくる製品に対しては要求通りに処理を行わなければなりません。製品の1つにシュー（履板）がありました（図6.2）。シューとは建設機械（ブルドーザー）などの走行部の無限軌道に履く

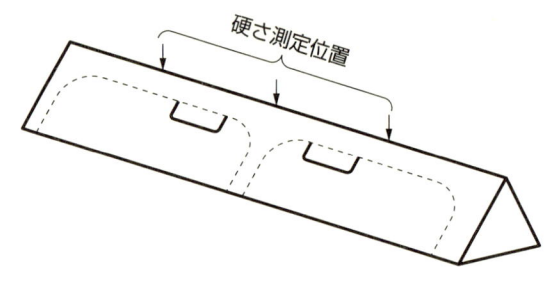

図6.2　履板（シュー）

板のことです。

　シューは低 Mn 鋼です。形状は平板ではなく、断面が三角形で山の尖った方が地面に接します。長さは300～1,200mm と各種あり、最大重量が20kg 程度でした。毎日、大小合わせて50枚ほどは流れていましたから、月産15～20トンを調質する熱処理でした。

　要求の規格は調質して Hs 38±3 です。硬さの測定個所は三角形の山部で、長さ方向に3箇所グラインダーで研磨して測定します。鋳造側と打ち合わせた結果がそのように決まっていました。

　生じた大きい問題は次の3つがありました。

①焼割れ

②変形（長さ方向に反る、捻れるなど）

③硬さ不足

①の焼割れは致命的でした。焼割れを起こしてお釈迦になるたびに仕損じ代を支払いました。原因を種々調査しました。その結果、鋳造後にすでに硬さが高い製品もありました。鋳型はシェルでしたから、その肉薄部の冷却速度が早かったためです。ほかの原因は成分違いでした。同じロットの中に異種成分が混入していたのです。おそらく製造過程の中で混入したのでしょう。あるいは残り湯を鋳造したのかも知れないのです。

　②の変形もまちまちでした。鋳造後は熱処理を行っていないため内部応力が残り、変形に影響を及ぼします。

　③硬さ不足は主に成分違いでした。繰り返し焼入れしても効果はなく、おかしいと感じたわけです。

　いろいろな問題が生じましたが、可能な限り熱処理前にチェックしました。し

かし、鋳造側からはいつも、「生まれはよいが育ちが悪い」などと揶揄され笑われました。当時は鋳造には冶金の専門家が10名近くいたので多勢に無勢でした。時が至って、小生が鋳造工場の長になってからは力関係の形勢が逆転しました。さらに調べてみると、鋳造品の品質が目を覆いたくなるほど低下していたのです。

6.3 ● 焼結品の熱処理

　最近は焼結材の需要が増加しています。従来、接点程度だった用途が現在は電気機器以外に自動車、重機械の部材にも使われるなど、急激に使用範囲が広がっています。

　自動車の軸受は焼結で製造し、無給油のオイルレスベアリングとして主力になりましたし、ブレーキディスクを挟むパッド（銅粉とC粉）も焼結材です。新幹線車両のパンタグラフのガイドシューも焼結材です。

　焼結材は総合的に見るとセラミックスもそうですが、多量に製造し使用も多い切削工具材にも多く使われています。

　一般に焼結材の熱処理は簡単ではありません。焼結材は金属（非金属も同じだがここでは略す）粉末に圧をかけて成形し、雰囲気中で焼結しています。焼結材の内部の密度は100％ではなく、空隙が存在します。その特性は次のようなものがあります。

　・粉末はミクロンサイズという細粒であって非常に酸化しやすいこと
　・溶融材に比較して密度が低く空隙があること
　・焼結は還元雰囲気中あるいは中性雰囲気中で製作すること

　これらのため通常の熱処理より加熱冷却には特別の諸対策が必要です。焼結材の熱処理対策は、基本的には水素ガスあるいは不活性ガス中の雰囲気炉を使用する必要があります。ガスの使用では作業上の手順の厳守、管理についてはとくにルールを明確にすべきです。

　焼結材は粉末同士の混合でできていますから、相互に固溶し合金化しているかどうか、あるいは単なる混合物であるかを知る必要があります。前者であれば状態図から適正な温度や冷却を設定しなければなりませんし、何らかの化合物が形成する可能性があればその対応が必要です。後者では相互の元素の熱変化を確認

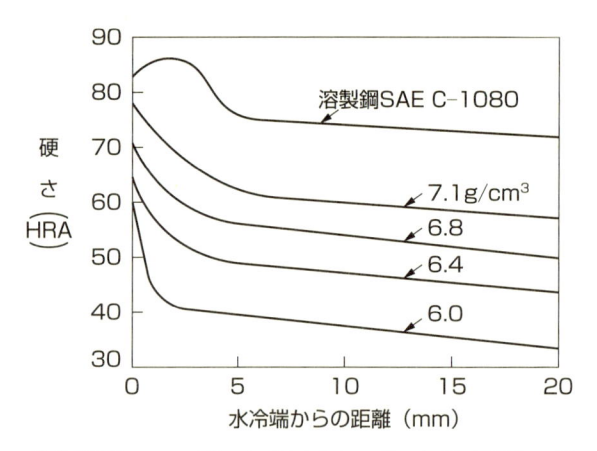

出典：H. Ferguson：Powder Met. International, 4.2（1972），p. 89
「焼結機械部品―その設計と製造―」日本粉末冶金工業会編
著、技術書院、1987 年

**図6.3 Fe-0.8C材の焼入れ性に及ぼす密度の影響
（871℃、30 min、N_2中加熱、ジョミニ式一端
焼入れ法による）**

しておくべきです。

　焼結材は空隙があるため酸化しやすくなりますし、たとえば焼入れした後の冷却剤の封入による影響も勘案しなければなりません。また**図6.3**に示すように、焼結後の密度がジョミニ試験による硬さ曲線にも影響を与えます。

　焼結材は金型で成形するため量産物が多く、一般には小物製品が多くなります。そこで炉の装入方法は連続性があり、省力化、自動化が必要になります。溶融して製造した製品と比較すると焼結した後でもまだ強度が低い場合がありますから、製品の移動や取り扱いには注意し、製品同士の衝突や打痕の対策が望まれます。

　小物品の熱処理で手作業に手間がかかることがあります。製品の検査（外観、員数、硬さなど）がそうです。なかでも寸法検査は直接測定が効率的ではないので間接的な測定にし、専用の治具を利用することが効果的です。

　熱処理後は脱脂方法、使用溶剤の選択にも留意しなければなりません。また脱脂したあとの酸化も急速ですからその防止にも注意を払う必要があります。

　焼結材の熱処理は溶融鋼に比較して新たな対応や細かい注意点が発生しますから、一般の熱処理とは使用設備や作業者を分離して管理することが効果的です。

6.4 ● 形状と焼割れ感受性

　熱処理に際して焼割れが生じることは致命的です。修正もできないし、完全にお釈迦になります。焼割れは原因が多岐に渡ります。おおまかに、次の3つに分類して考えることができます。
　①熱処理作業に期する原因（加熱速度、焼入温度、脱炭、保持時間の長短、冷却法の不適など）
　②製品自体に関する原因（鋼種、材質の欠陥など）
　③製品形状に関する原因
　ここでは③の形状について、焼割れ感受性を考えてみます。
　製品の形状はさまざまです。それらの製品を上手に失敗することなく熱処理することは高度な技能が必要です。ベテランの作業者あるいは管理監督者なら、製品の形状を見ると焼割れを予測することは可能です。製品の形状に関して、次のようなものであれば、焼割れ感受性が大きい箇所で焼割れする予測ができます（**図6.4**）。
　・肉厚変化が大きい箇所
　・超薄物
　・鋭角がある角部（キー溝部など）
　・焼入れ時に冷却速度の変化が大きい箇所（段つき軸の角）
　・パイプなど冷却剤が入りにくい穴やスリットがある箇所
　このような箇所は変態応力で焼割れが起こる以前の問題として、熱変化による引張応力にも耐えることはできないでしょう。
　設計に際しては、熱処理しやすく焼割れ感受性を少なくする形状を図示しなければなりません。やむを得ない場合は、製作工程の中で対策を考えるべきです。たとえば工程の中では、熱処理に流れてくる以前に機械加工上の対策をとります。軸端部のねじ穴を熱処理後に加工することや、段つき軸の外周加工を熱処理後に行うなど、可能な限り変更します。どうしても無理な場合はあります。そのときはやむを得ませんが、経験してきた方法では関係者が集合して製作前に図面を見ながらそれぞれの目で確認して図面変更や、工程変更などの対策を出す技術検討会を実施していました。この対応でかなりの案件が事前に改善できたと思います。

肉厚変化が大きい

薄物

キー溝部

段つき軸の角

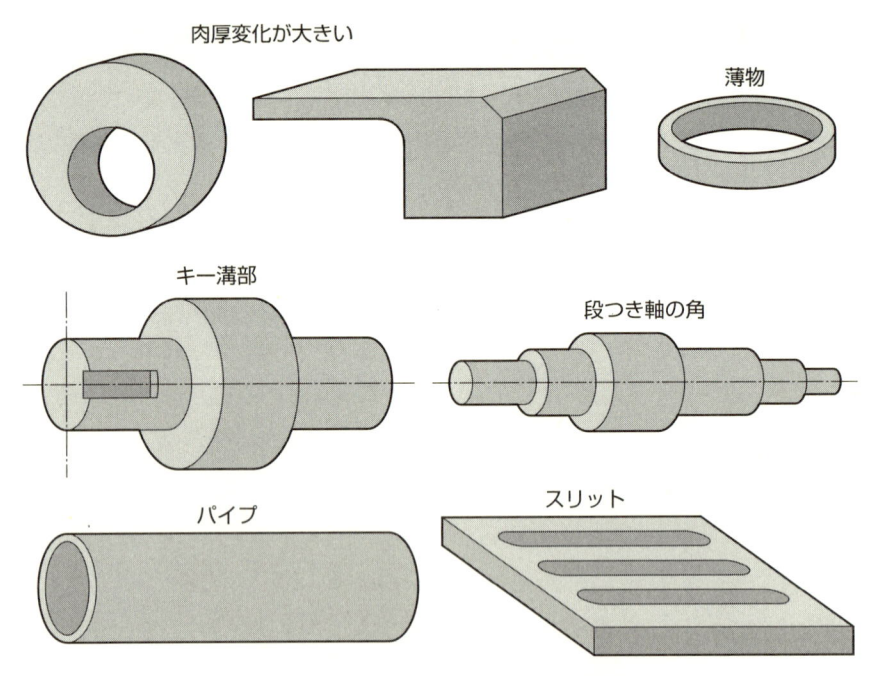

パイプ

スリット

図6.4　焼割れ感受性が大きい形状例

多角的な視点で物事を見る姿勢は貴重な意味があります。

　しかし、どうしても焼割れの危険をはらんで熱処理しなければならないこともあります。そこで熱処理の担当としては、その対策を充分に行います。

　肉厚変化が大きい箇所には冷却速度を遅くする工夫を施します。たとえば角部に粘土やガラスウールで覆うことなどは有効です。経験ではキー溝に粘土を埋め込んで角部まで覆い、ことなきを得たこともあります。

　製品の形状が避けられないときは熱処理作業上の対策を行いますが、これらの結果はノウハウとして記録しトレーサビリティと客観性を残すことが技術の蓄積になります。

6.5 ● 混合機の羽根の材質と焼入れ

　著者がいた会社では、液体、粘性がある流動状の半液体を混合する機器を製作

販売していました。構造は縦型の容器です。10～30馬力の駆動モーターと減速装置（あるいは簡便にはプーリ減速もある）を下部に設置し、その上に容器を取り付けて、最上部に蓋があります。混合する対象物を上部の蓋から入れて混合し、終了すると容器の下部の側壁から排出する仕組みです。

　容器内は直径100mm（数種がある）サイズの軸がモーターから連結して垂直に立ちます。軸は下から上方向に50mm程度の間隔をとって10～20本の羽根がついています。（**図6.5**）。

　この機器は量産品で月産10台以上も売れていました。ユーザーはインク製造会社でインクを混合する用途や、菓子製造業でチョコやクリームの混合撹拌、製紙業では原料のパルプスラリーの撹拌などでした。

　高性能でしたが、羽根が摩耗し寿命が短いことが欠点でした。羽根は摩耗したら取り替えます。予備品としても販売していましたから、メーカーは寿命が短いと部品注文として受注できます。しかしそれも限度があり、ユーザーは純正部品を使用しないでほかの下請けに製作させていたところもありました。

　羽根の改善を鋼種と熱処理の点から経緯をまとめると次のようになります。た

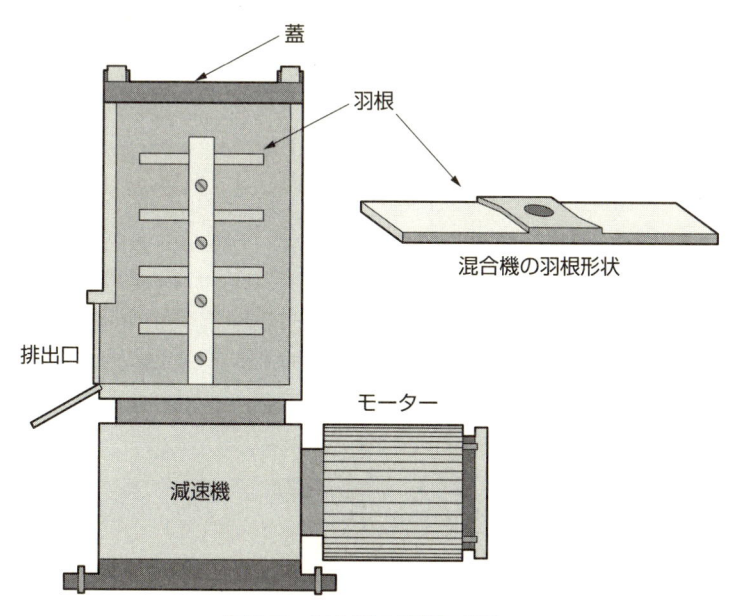

図6.5　混合機の羽根の製作

だし、羽根は両端部が摩耗し短く擦り減ってきます。
　・S 50 C、全体焼入れ低温焼戻し Hs 65
　・S 50 C、両端を高周波焼入れ、Hs 70
　・SCM 445、両端を高周波焼入れ、Hs 70

　この時点ではかなり改善でき寿命も長くなりました。しかし客先の要望はまだ残っていました。設計から熱処理に改善の依頼があったのもこの頃でした。そこで工具鋼を使用することにしました。
　・SK 1、全体焼入れ、Hs 70

　この鋼種と熱処理の変更は効果がありました。部品の価格も高くなりましたが、寿命が延び注文の頻度も長くなりました。さらに要求があり、設計も改善を望んでいましたので、再度改善して対策を施すことにしました。私の提案でした。
　・SKD 61、全体焼入れ、Hs 75

　この方法を採用した後は摩耗に関しての苦情はほとんどなくなりましたし、部品の注文も少なくなりましたが、製造費用が高くなりました。そこでいま1度改善して、
　・SKD 61、両端部を高周波焼入れ、Hs 80

と熱処理を変更し費用の低減を計りました。

　今ではあり得ませんが、旧製品の羽根が混合中に摩耗するなら、その摩耗した鉄は液体中に混ざるわけで、チョコはどうなるかとユーザーに質問したことがあります。担当者は鉄分が多くなるチョコになるだけですと笑っていましたが、チョコを見ると何 ppm と低い値にしても、鉄を食べているような気がしました。現在は落ち着いて稼働していますが、インクはいいとしてもチョコを食べるときにはいつも思い出す羽根です。

6.6 ● 金型の簡単焼入れ

　薄板をブランキング（所定の形状に切断）するプレス用の精密金型を焼入れすることになりました。金型材質はスェーデン製のボーラ鋼で、品質は世界的にNo. 1と言われるほど最優秀な種類です。
　加工は機械切削のあと、ポンチを放電加工します。1個10kg重さのダイはワ

第6章　熱処理の事例

イヤーカットします。R加工と手入れを施したあと、ダイにポンチを収めてみますと、まったく隙間なく精度よく仕上がっています。ダイ上面に薄紙を置き、上からポンチを静かに落とすとスーッと紙が切れポンチがダイの中に入り込んでいくほどです。

　この後が焼入れです。機械加工による精度を熱処理で維持しながら焼きを入れることに多少の不安がありますし、もし精度が狂えば修正が効かずお釈迦になりますから、検討も慎重でした。

　当時、浸炭焼入炉は使用していましたが、ほかの炉は一般のコールガス燃焼の炉だけです。焼入れ操作を行うためにこの炉を使用するほかに方法がありません。炉内の雰囲気を制御することもできませんので、経験だけが頼りでした。手順は次のように行いました。

　まず、金型の全体にまんべんなく焼入油を塗布します。その後、新聞紙数枚を焼入油に全面浸して、金型をくるみます。新聞紙と金型に隙間がないように押さえ、2～3重になるようにくるみます。

　そして、鉄板製のポット（容器、図6.6）に木炭粉とダライ粉を同量比入れ、その中にくるんだ金型を入れて周囲を覆います。ダイの穴にも新聞紙を入れて粉類を詰めます。周囲に隙間ができないようにバーでつついて蓋を被せます。蓋の下も隙間がないように充填します。蓋はポットとの間に粘土を塗り空気の出入りを遮断します。こうして装入の準備ができました。

　ポットの内部が焼入温度に到達しても金型はまだ温度が上がっていませんから加熱温度で保持し、いよいよ焼入れです。

　前もって準備して繰り返し練習した火箸を使います。炉から取り出して迅速に

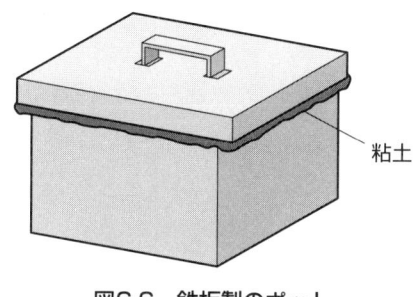

粘土

図6.6　鉄板製のポット

蓋を開けてキズがつかないように手際よく中の金型を出します。新聞紙が焼けて燃えそうになりますが、それをすぐ除いて金型を裸にしたあと、小バスケットに入れて、それを手作業で焼入油に投入します。この間は数秒です。金型の焼入温度は正確でした。

振動音を聞き、油の対流を観察しながら、引き上げの時期を見ます。焼入油の対流が少なく静かになってからバスケットを引き上げ空冷します。このとき油が焼けるようであれば少し早いようです。

金型は常温になったあと脱脂し、サブゼロ処理を−80℃で行い、150℃と180℃の2回低温焼戻ししました。表面の状態もよく硬さも上がり、心配していた金型の精度も申し分ありませんでした。

6.7 ● 大型品の水靱処理

オーステナイト鋼の水靱処理です。オーステナイト鋼はステンレス鋼、高Mn鋼がありました。高温でも常温でもオーステナイト組織のままですから、高温から急冷してもマルテンサイト変態することはありません。

オーステナイトステンレス鋼は代表鋼種がSUS 304です。Feをベースに Cr が18％、Ni が8％含有し、C 量は0.1％前後と微量です。一般に Cr と Ni 量から18-8鋼と称しています。ステンレス鋼の中では標準的に多く使用しています。オーステナイトステンレス鋼は酸、アルカリなど強酸、強塩基に対して耐食性があります。耐熱性も優秀で酸化に耐えるため、高温で使用しています。

このようにオーステナイトステンレス鋼は万能ですが、泣き所があります。含有する C が Cr と化合して Cr 炭化物を形成します。この化合物が基地に溶けてしまえば問題ないのですが、ときどき結晶粒の間隙（結晶粒界）に析出してきます、Cr 炭化物は腐食しやすいので、結晶粒界からさびが出てくるのです。

オーステナイトステンレス鋼は基地から Cr 炭化物を消すことが必要です。そのためには高温に加熱して Cr 炭化物を固溶したあと、析出する間を与えないよう急冷します。この操作が水靱処理（溶体化処理ともいう）です。水靱処理は1,000〜1,100℃に加熱したあと水冷します。焼割れなどを考えなくてもいいので操作は容易です。小物製品は至って簡単です。

しかし、大型品は大変でした。最大で重量が10トンを超えた製品を水靱するとき、50トンの重油炉を使用しました。水槽は50リューベが入る槽です。台車で装入するときは何らの問題はありませんが、取り出すときの作業は困難を極めました。台車を引き出したとき1,100℃の高温品が積載されていますし、製品に大型チェーンをかけるときは、縦横や上下の移動にクレーンの補巻を使うほどですから、迅速にはできません。遠くからやっと製品にチェーンをかけて引き上げます。数人がかりで行い、作業者の顔は熱と汗でくちゃくちゃです（**図6.7**）。

水槽に製品が投下されて轟々と大音響を上げながら沈む様子は圧巻そのものでした。水槽はすぐ温度が上がりますから、消防用のホースを配置して絶えず水を入れて冷却しました。大物の製品内部の冷却速度を計測したかったのですが無理でした。冷却速度とCr炭化物の析出の関係をテストピースで試験したことがありますが、そんなに大きいスピードはいらないので安心はしていました。大物品の作業は温度と迅速性が必要とされるため、遺漏がないように細かく事前検討することは安全性、品質確保の点から絶対に必要です。

鋼Mn鋼の鋳造品の板材を多く処理しました。これは砂利や土砂の搬送をコンベアで行うときのガイドシューやシュートなどの内壁に貼りつけます。使用時に

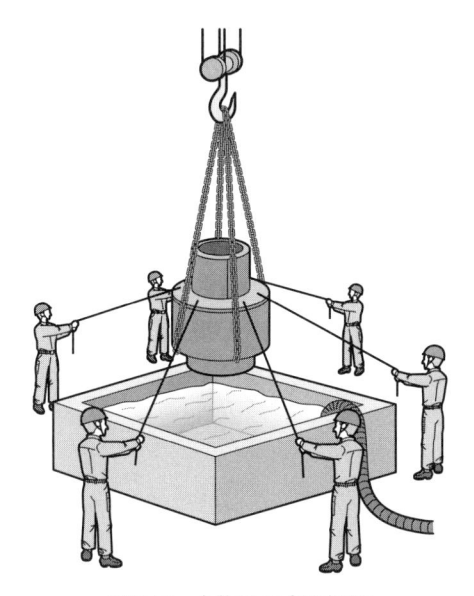

図6.7　大物品の水靱処理

表面が加工硬化を起こして摩耗に効果があるからです。結晶粒界の亀裂発生を防止するために水靱処理を行いました。

6.8 ● SNCM 26

あえて旧JIS規格でSNCM 26と書きます。懐かしい規格だからです。現在はSNCM 616です。主な成分は、C 0.13～0.20%、Ni 2.80～3.20%、Cr 1.40～1.80%、Mo 0.40～0.60%で、本来は浸炭用鋼です。

この鋼の開発当時は戦時中で、既存のある特殊鋼メーカーにより弾丸が貫通しない鋼の研究途中に生まれたと言われています。低炭素鋼ですから、靱性は優れているはずです。

昭和40年代石炭産業が華やかなりし頃です。最強の浸炭鋼を使用してコンパクトな機械を設計するという思想が社内にありました。というより坑内の石炭掘削に使用する機器はすべて剛性があり、小型でしかも強力な性能を持つように設計するほかなかったのです。このため選択した浸炭鋼がこれでした。

浸炭焼入れ工程に流れてくる製品は、炉内寸法の制限から歯車が最大直径500mm、最大重量が200kgでした。モジュールは最大16。モジュールの大きさに合わせて設計が浸炭深さを決めます。熱処理は基準の容量に沿って浸炭時間を設定しました。最長20時間でした。

軸は最大直径が300mm、最長1,000mmです。軸は平、傘歯車つきもあります。スプラインも創成しています。これらも標準マニュアルによって浸炭焼入れしました。

浸炭に使用していた鋼種は、ほかはSCM材でした。だから2種類を浸炭していましたが、比較するとNi入りのSNCM 26は浸炭性能が優れていませんでした。というより、CrとMoが浸炭を促進するにしてもNiが疎外していたように感じました。同じ浸炭時間でも浸炭深さに差異が生じました。ただし、長所がありました。20時間の長時間浸炭でも鋼最表面部に網目状のセメンタイトは生じませんでした。

焼入れを終えたら通常はサブゼロ処理です。その処理を行うとき最初は数回の大失敗を起こしました。常温からマイナス温度に入れますが、急冷し過ぎると割

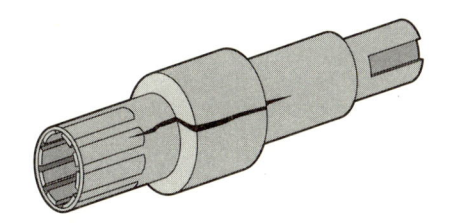

図6.8　SNCM 26材の置き割れ

れてしまいます。サブゼロ処理でも徐々に冷却する対策を行いましたが安定しませんでした。そこで理論的にはどうかと疑問を持ちましたが、焼入れ後に180℃で焼戻ししたあとにサブゼロ処理を行う方法をとりました。その方法でも残留オーステナイトが変態するのです。しかし、この方法を行った後は安定して割れは生じませんでした。

　ある朝、最終の焼戻しが終了した製品の検査中に割れを発見しました。作業者に聞きただしたところ、夜中に何か知らないが凄い音がしたというのです。作業手順はマニュアル通りだと言います。割れの中には冷却油が入ってないので焼割れではないと判断しました。

　同鋼種を焼入れした冬の夜に夜勤をしました。そのとき「バーン」という大砲を撃ったような大音響が起こったのです。浸炭焼入れして焼戻しを待っていた200 mm 直径の軸が、置き割れしたのです（**図6.8**）。初めての経験でした。焼戻しを待つまでに冷えて変態が進行したのです。そのときから製品の温度にとくに注意するようにしました。

　SNCM 26は通常の調質用として熱処理する機会もたびたびありました。鋼の特性はとくに靱性が優秀であり、熱処理では空気冷却しても充分に焼入れして硬さが出ました（空気焼入鋼）。でも熱処理では神経質になり、使いにくい鋼でもありました。

6.9 ● お灸で曲がり直し

　熱処理が原因の問題ではありません。しかし熱に関するクレームとして紹介します。熱処理や冶金を専攻する専門家であればすぐやってはならないことと判断

できますが、一般の技能者はことの良悪が判別できなく納期の確保、作業優先に考えてしまう例です。

発生した事象は長軸です。最大直径部が140mm、段がつき、長さは2,500mmです。両端部とほぼ中央部の最大直径部にキー溝が計3カ所あります。

熱処理は150mm丸鋼が調質のために流れてきました。しかし、一般の製品に混じって熱処理を行っていますから、特別の印象はない当たり前の軸でした。

上司から呼ばれて、客先でこの軸が折れてクレームが発生しているため、すぐ内部調査を命じられました。上司はすでに熱処理に問題があると予想していた様子でした。内部の調査は作業命令書の記録とそのときの熱処理温度記録、検査記録を調べることはできました。が、とくに何らかの疑いを持つ点は見当たらなく、帰ってきた軸を観察し材料の調査を練りました。まず外観からの結果です。

軸の表面に関して、カラーチェックにより割れ部のほかに、ほぼ中央部付近に長さ3～4mmのヘアークラックが数カ所認められました。割れは同じヘアークラックのうちの1つが成長して進行したのではないかと予測しました。

いよいよ割れ部の切断です。割れは軸と直角方向に走っていましたから、軸を輪切りにした後、細片を軸方向に再カットして割れ部が観察できるようにしました。その結果、組織は調質されていて異常はありません。硬さはビッカース硬さ計で図面指示内に収まっています。割れの表面部は酸化していませんから、熱処理の後で割れたようです。熱処理に問題はないと判断して上司に途中までの経緯を説明しました。上司は熱処理を疑っていましたが、ほかの部門についても特別に調査するよう命令を下しました。

調査結果は以下の内容でした。軸は調質後に長尺旋盤で粗加工します。そのまま仕上げてしまうと曲がりが出るので、一端旋盤から降ろして応力を解放した後、翌日に仕上げ加工するという工程を踏んでいました。

しかし仕上げ加工後にはフライス盤によるキー溝加工があります。おそらくこの加工で曲がりが大きくなったのでしょう。終了して全体寸法をチェックし合格した後に組立に送ります。組立では軸の曲がりが大きかったのですが、納期が迫っていたし、いつものことですから機械工程には連絡することなく曲がり直しをしたのです。その方法は、軸の中央部をアセチレンバーナーで急熱し、赤くなったときに水で急冷すれば軸が反るという、お灸の方法です（**図6.9**）。軸は加熱急冷する側に引張られて反ります。このときに割れが生じたことはほかに疑う余

矢印の方向にお灸をすえる

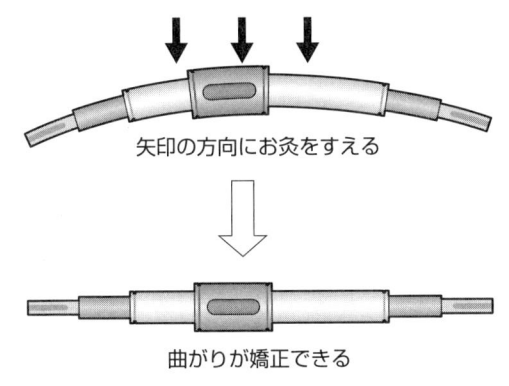

曲がりが矯正できる

図6.9　お灸による曲がり直し

地はありませんでした。

　軸の割れ部は3カ月の使用期間でしたが、破面に教科書通りの綺麗な疲労の文様が残っていました。その後の対策は全12本を急いで作り直し、客先には熱処理で指示した硬さが下限であり、満足に確保していなかったと報告をして、交換の了解を取り付けたそうです。

6.10 ● 異材の混入

　鋼種がSCM 415で、直径90mm、210mm長のピンが100本ほど浸炭焼入れに来ました。ピンは片端面に鍔があり、何の変哲もない形状です。浸炭焼入れは図面指示が全硬化層深さ1.5mmで、割合に深い仕様です。

　浸炭焼入れの準備は、まず1バスケット（**図6.10**）に装入できる本数を決めます。1本の重量を計測します。約6 kgです。炉中に装入できる全重量が200kgですから、おおよそ33本ですが、バスケットの重量が20 kgあります。

　200kgからバスケット重量を差し引いた180 kgが製品の装入量となります。すなわち180kg/ 6 kgは30本です。しかし、ピンはひずみを少なくするために縦に入れますが、さらに焼入れ時の冷却を考えて間隔を空けるように、バスケット上部で碁盤状の枠板を載せます。この重量が7 kgです。結局、180kg− 7 kg＝173kg　173kg/ 6 kg＝28（本）が1度に装入できる本数になりました。

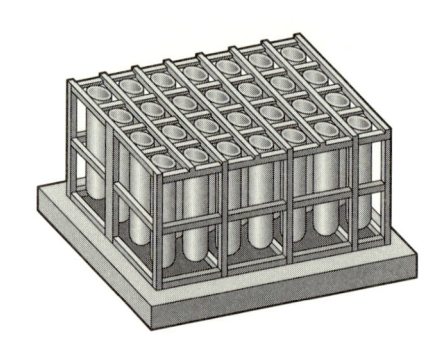

図6.10　装入用バスケット

　28本はトリクレン（当時はまだトリクロールエチレンを使用していた）で脱脂します。トリクレンは50～60℃に加熱してその蒸気で洗いますから、洗い終わったらまだ熱があります。この熱を利用して浸炭防止剤を鍔部と端面のねじ部に塗布して乾燥させます。ねじには石綿を詰めるときもありました。バスケットにピンを入れて並べ、枠板で固定し、テストピースを添付したら装入です。
　浸炭焼入れは夜間の2番方で異常なく終了し、翌日朝方に焼戻しも終わりました。サブゼロ処理は略しています。熱が冷めて午後ショットブラスト工程、そのあと検査でした。問題はここで発見されました。28本は全品硬さ測定を行いますが、うち3本がHs 45で、正常なピンのHs 80とはまったく違って低い値でした。検査工は何度も計っていました。浸炭焼入れしたピンは計測箇所を決めていて、手持ちグラインダーで研削する量も少なくします。何度もほかの箇所を計測する余裕はあまりありません。検査工が報告したとき間違いはないと感じました。
　しかし、硬さが低い原因は何か調査が必要です。このままでは、せっかくの部品がお釈迦になります。火花で鋼種を調べるように指示して、ほかの原因を探りました。
　火花試験ではすでに仕上がっているため多くの量をグラインダーで研削できず、また、少量の火花を観察しても、浸炭を判別して鋼種を確定することは難しいのです。ベテランの検査工は合金元素の火花が見えないと言います。とうとう1個潰して切断することにしました。切断面の内部の火花を観察した結果、炭素鋼S25Cと推定しました。明らかに異種材です。
　3本の不良品が混入していたわけですが、どこでどのように混入したか再度調

査が始まりました。わかったことは、機械工場で機械工が寸法を間違えて削りすぎて仕損じを起こし、その補充のために夜間に倉庫切断場から無断で材料を失敬し、補充して加工していたことがわかりました。仕損じを起こした機械工と監督者は厳重注意でした。もちろん、ほかの浸炭焼入れ待ちのピンを全部火花検査して選別し、合計20本余の異材を除外することができました。機械工の報告と一致した数でした。

補足

補.1 ● 実験炉の作り方

　材料や熱処理の研究を行う際に必須になる機器が実験炉です。目的に応じた種々の炉が市販されているので購入することは簡単です。しかし、経費や、研究目的によっては特殊な仕様も必要になりますから、自家製で準備することは有効です。

　簡単な筒状の加熱炉を作る手順を紹介します（**図 A.1**）。まず、次のような材料を準備します。

- ニクロム線：カンタル線（商品名）は耐熱温度が高い、直径1.4mm、抵抗0.95Ω/m
- セラミックス管：1本、HB管が耐熱温度が高い、外径60mm、内径50mm、500mm長
- カオリン：500g入り、3～5瓶
- 断熱ガラスウール：2、3枚、布状、2～5mm程度の厚さ、広さ500mm×500mm
- 針金：数m

　ニクロム線の長さは電圧200V、電流値を10Aとしたとき出力が2kWになります。これを仕様とします。ニクロム線は抵抗が0.95Ω/mだから長さは約20～21mが必要になります。

　管の端を30mm空けて針金でニクロム線を固定します。ニクロム線は端部を

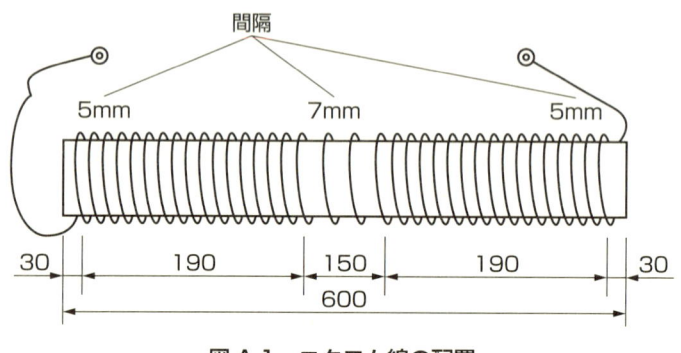

図A.1　ニクロム線の配置

400mm長く取っておきます。これは後で計器端子に連結するために必要な長さです。

　ニクロム線を管に巻きます。外径60mmに21mを巻くときは、(21m／ニクロム線の1周)の値が巻きつけ回数となります。2,100/2πr＝111(回)です(抵抗値が異なるときも同様に計算)。

　111回を巻きつけるときは、線と線の間隔(幅)が両端部を密に、中央部を粗にします。例として間隔は端部側が5mmを4～5回、中央部は7mmとします。このとき注意することはニクロム線同士が接触しないようにするです。

　反対の端部まで巻きつけたら計器端子長さの400mm長さを取って切ります。このときは基準の21mより長くなっても構いません。巻きつけたニクロム線がほどけないように針金で固定します。

　カオリンを水で溶かして粘土状の柔らかさに練ったら、線が隠れるように塗り込みます。このまま日陰で1日半乾燥させます。

　ガラスウール布で全体を巻きつけて500mm長さを5～6カ所針金で固定してほどけないように縛ります。この状態の上に再度カオリンをガラスウール布が見えないように分厚く塗ります。端部も覆って線だけを出します。

　断熱を確実にしたいときはこの方法を再度行います。管の外径は次第に大きくなります。そして、2～3日、自然乾燥して筒状の加熱炉の完成です。

　ニクロム線の端部に端子をつけて結線し、1～2Aの電流を半日流して乾燥させます。できあがったら温度分布を計測します。カンタル線であれば常用の最高温度で1,000℃の使用ができます。数本製作するといろいろな熱処理の試験に使用できます。

補.2 ● 金属顕微鏡の観察方法

　熱処理では品質を評価する項目として硬さ測定がありました。作業の区切りにはほかのチェック項目はとくにありません。熱処理が終了したときに割れの有無を検査することはあります。これも外観の検査です。ただし、超音波で内部の変化を調べることはできます。しかし、一般的にすべての製品を工程間で検査することは無理です。熱処理はできあがりの検査が評価の基準になるのではなく、熱

処理を行っていく過程の中で確実に品質を確保していくほかないのです。

熱処理が確実に行われたかを終了後に調べるとすれば切断して組織を観察することです。金属顕微鏡による観察は、次のことに応用できます。

①材料の検査（受け入れ、材料の仕様、欠陥の有無など）
②材料の破壊の原因調査
③材料を使用して製造した過程の良否の検査
④熱処理の品質検査

これらの検査を行う場合は、原則として材料を切断して必要な箇所の内部を調べることになります。

①の材料の検査は購入時に仕様通りであるかどうかを組織観察して検査することです。たとえばⒶ（焼なまし丸鋼）を注文したとき、その通りであるかどうかを調べますし、場合によっては成分分析も行います。厳密な検査を行う場合は鋼の清浄度を調べます。これは大きい倍率で腐食する前に観察すると種々の不純物が残存することがあります。

②の材料の破壊の検査は使用後に機械や装置が故障したときの調査です。故障や損傷はいろいろな原因があります。それを材料の側から調べていきます。もちろん材料に欠陥はなく、問題がない場合もあります。このときはほかの原因だとわかります。種々の材料欠陥に関しては事例を後述します。

③の材料を使用して機械装置を製造し使用すると、多くは材料あるいは材料に対して行った熱処理に問題が内包していたら、初期に問題が生じます。機械や装置を製造する工程が正しいかどうかに関してもメスを入れることになります。その場合も材料の内部組織を調査すると原因がよくわかります。

④の熱処理が正しく行われたかの調査は、製品を破壊することになりますから限界があります。単一品が多量流れていたら抜き取りで検査することは可能ですから、数物ではそうすることが望まれます。

さあ、それでは金属顕微鏡を使った組織の観察はどのような手順で行うでしょうか。準備する品目は次のものです。

・金属顕微鏡：倍率は100、400、できたら1,000
・試料の切断器：水冷ができる砥石式の装置、切断時の過熱を防止するために水冷が必要
・試料を固定するための硬化剤（市販品）と塩化樹脂などの容器になるもの、

補足

ほかにワセリン
- 研磨紙：粒度の番丁は100、200と、およそ段階的に1,200あるいは1,500程度まで準備
- バフ研磨器
- 各種の腐食液

以上が最低必要です。

顕微鏡による観察は試料作りに多くの労力がかかります。以下に手順を簡単に説明します（**図A.2**）。

観察したい内部の切断面を優先して材料をとり、過熱しないように水冷しながら切断します。内面にワセリンを塗った塩化樹脂リング内に試料をセットして硬

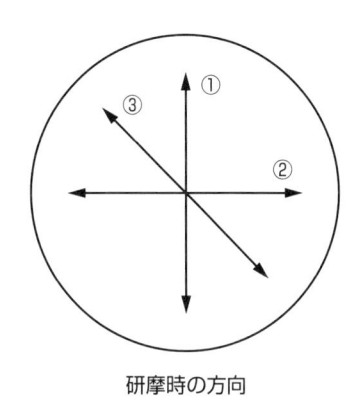

研磨時の方向

研磨紙を替えるたびに①、②、③と研磨方向を替えていく

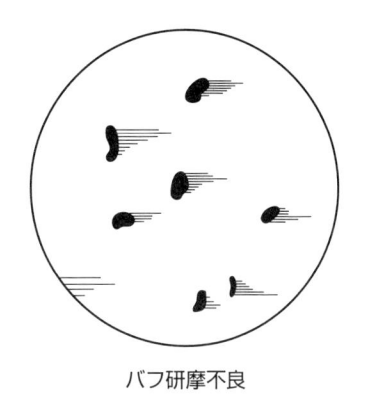

バフ研磨不良

バフ
研磨時に試料の方向を一定のまま変えなかったり押さえすぎたりすると研磨流れが生じる

図A.2　金属顕微鏡で研磨時の観察

化剤を流し込み硬化したあと取り出します。切断面が研磨できるように治具に固定し、研磨紙で粒度順に磨きます。研磨紙は1つ前の粒度の研磨紙の方向と直角にして順番に磨いていき、1,000あるいは1,500番程度まで磨きます。粒度が小さくなれば軽く押しつけて研磨します。研磨屑はその都度払って除きます。

研磨終了後にバフ研磨します。バフには酸化Cr粉あるいはアルミナを入れて水を滴下しながら試料面を直角直角に順に置き当てながら軽く研磨します。布で拭くと曇りがない鏡面に仕上ります。これで試料は作成されますが、この時点で顕微鏡観察すると鋼の清浄度や欠陥がわかります。

次に材料に適した腐食を行います。鋼は主に5％ナイタール液（エチルアルコールに硝酸を5％添加混合した液）または5％ピクラル液（エチルアルコール100ccにピクリン酸5g添加混合した液）を使用します。

試料面を腐食液に数秒間浸漬します。時間が長いと全面が過腐食になりますから、注意してください。すぐ水洗いし、より確実にするにはエチルアルコールに浸漬して腐食の進行を停止させ、ドライヤーで乾燥します。腐食面は手で触れないでください。

これで腐食が終わりましたから顕微鏡で観察します。まず低倍率100倍で全体を見ます。金属顕微鏡の見方は、接眼の両眼で見ますが、接眼が1個のときは左目で見ます。これはスケッチするとき、左眼で見ながら右眼で図を描くためです。スケッチするときに左眼を放さないで描くとうまくいきます。次は400倍で観察すると組織がよくわかると思います。

多くの顕微鏡観察はこのような方法になりますが、手持ちの顕微鏡機能を持つ機器があります。持ち運びができますし、もっとよい利点は機構上、材料の外面を観察することができます。これを通常の作業の工程間に使用して管理することも可能です。

一般の構造用鋼はこの方法で顕微鏡観察することができますが、特殊鋼は腐食できない場合があります。たとえばステンレス鋼です。その腐食は電気分解によって行いますが、詳細は略します。参考書籍として、「鉄鋼の顕微鏡写真と解説」（丸善）と「金属エッチィング技術」（アグネ社）などがあります。

金属顕微鏡によって組織を観察し、調査あるいは判定するためには組織を理解して充分知ることが必要です。

補足

補.3 ● 金属破断面の見方

　2007年5月に大阪府吹田市の遊園地で発生したジェットコースターの事故は金属疲労による軸の破損が原因とされています。金属が疲労して破壊に至る例は今まで新聞紙上などで数多く発表されています。1986年に長野県御巣高山に墜落したジャンボジェット機も同じく隔壁の金属疲労による破壊でした。

　疲労が原因と判断するためには破壊した破面を観察して考察することができます。

　破面は材料自身が持つ内的な要因と、外部からかかる負荷の要因およびその材料が使用されている環境によってさまざまな顔を表し、それを解析することにより原因を推察し確定することができます。個別な詳細のレポートは「金属破断面の見方」（吉田亨、日刊工業新聞社）が名著です。

　破面を観察するといろいろな要因と破壊に至るまでの経緯が理解できるようになりますから、材料専門の技術者だけでなく熱処理担当者も勉強しておくと原因分析の範囲が広がり、熱処理技術も高度化できると思います。

　今までたくさんの破面を観察してきました。しかし、多くは客先からのクレームに基づいて原因を調査する一環としての機会でした。

　破断（事故）が発生したときは、機械や装置の使用期間で急速な破壊か、疲労による破壊か、おおよそ推察できます。短期で破壊したときは、設計、材料欠陥、製造上の問題、熱処理による直接の原因があります。永年に渡った破壊であれば、おそらく疲労による原因で、上記の原因を含むことになります。

　あるとき建機メーカーからパワーショベル走行装置部の減速機の見積りを受けました。仕様は寿命が500時間でした。本来、設計は寿命を10の6乗として計算しますから、極めて短期の時間になります。当然、客先は見積金額が低くなると期待していたのです。

　客先は500時間を超えたらブレイクダウンしてもよいという意向です。走行部は500時間稼働するまでには5年がかかり、パワーショベルの走行部の稼働は意外に少なく、この時間で充分であることがわかりました。

　考えられない設計係数を採用して実機で試作を繰り返し、工場内で稼働試験を行いました。結果は数千時間が経過しても壊れません。何度かの試験のあと考え

ヘアークラック

回転、曲げによる破壊である

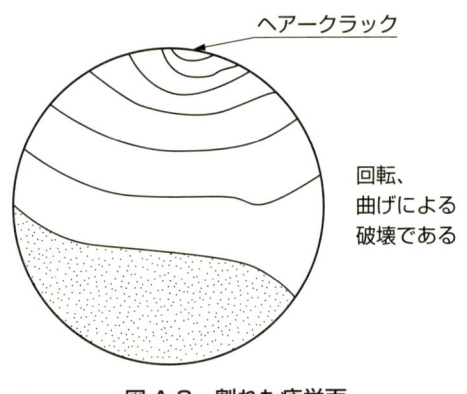

図A.3　割れた疲労面

られない係数をとって製造した減速機は玩具のようでしたが、それでも負荷に耐え3,000時間を超えました。その設計仕様を基礎に見積価格を提出しましたが、やはり客先の思惑は提出した見積価格の半分だったのです。

　結局、受注には至りませんでしたが、試験にかかった経費は試験研究費となり、得られた成果は短寿命の設計ノウハウと数千時間で破壊した疲労破面だけでした（図A.3）。試験を繰り返して破壊した部品の破面は疲労文様が浮き出ていて鮮やかでした。

　身の回りなどで何かが破損したとき、破面を観察する習慣を持って考察すると面白い推察ができます。破面の写真の記録は材料や熱処理の技術力を向上するうえで、自己啓発のよい教材になります。

補.4 ● ショットブラスト

　ショットブラストはショットピーニングとも言います。ショットブラストは熱処理の中核の作業ではなく、付随して行う工程です。この処理は簡単には砂（鋳造品に多い）、ガラス球あるいは（スチールまたはセラミックスの）グリッドという鋼球を使用して鋼表面に打ちつけて、鋼表面の清浄化や加工硬化を施すことが目的です。

　鋳造品は鋳払い後の砂落としとさび落としを行って清浄化します。鋼の場合

は鋳造品と同じく、熱処理した後のさびやスケール落としに使用しますが、積極的な目的は鋼の表面処理です。

　鋼は加工することによって硬化します。針金の同じところを繰り返し曲げると、最後には切れます。切れる理由は加工によって変形するとき鋼内に転位が発生し、原子が滑るためです。そのときすべり線が生じます。繰り返し続けていくとすべり線が絡まって、原子の動きがそれ以上取れない状態になります。原子が絡まっているときは体心立方格子が形を崩していますし、原子も正常な配列になっていません。その中を原子がさらに滑ろうとすると抵抗が大きくなります。これが硬化という現象です。

　表面にグリッドを打ちつけて硬化するという現象もこれと同じ理由で、表面層の狭い範囲で加工硬化することが1つの目的です。

　加工硬化の利点は、次のようなものがあります。
①表面硬化による耐摩耗性の付与
②表面部の引張強さの向上
③表面部に圧縮応力を生じて耐疲労性を向上する

　①と②については加工硬化によって硬さが増しますから理解できます。

　③は高周波焼入れしたときと同じく圧縮応力が生じます。その結果、疲労限が向上します。この現象を利用して車軸などの表面にショットブラストを施工し、耐疲労限を上げることが行われています。

　ショットブラストをかける機構は砂などの場合、エアーとともに高圧で吹きつける方法があります。ほかには、高速で回転する小インペラ上にグリッドを落として打ちつける方法、高速で円回転するディスク円盤上にグリッドを落して遠心力で外周から飛ばして打ちつける方法などがあります（**図A.4**）。

　熱処理では高周波焼入れした製品、浸炭焼入れした製品に対して有効です。ただしグリッドは大きさや打ちつけ力によって影響する硬化層深さが変化しますから、断面の表面層の硬さを測定してグリッドの仕様を選択しなければなりません。ガス窒化した製品は硬化層が薄いのでグリッドをかけるときは細粒になりますが、一般には処理しません。

　ショットブラスト機は完全に遮蔽して使用し、グリッドの漏洩が生じたらすぐ保守して外部への逸散を防護しなければ、後で取り返しがつかないほど漏れ部が大きくなります。

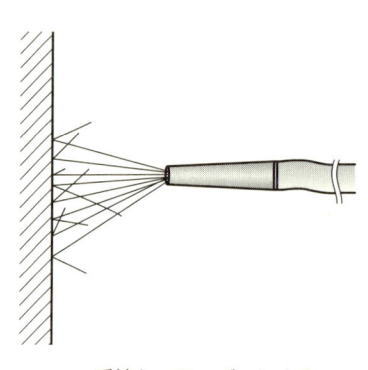

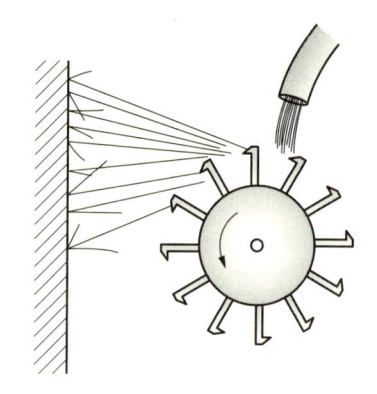

手持ちエアーガンによる				インペラによる吹きつけ
ショットブラスト

図A.4　ショットブラストの方法

補.5 ● 熱処理の賃単価と合理化

　社内に熱処理工場を持つメーカーも、熱処理を賃加工する専業者も同じく熱処理の単価を設定しています（**表A.1**）。この単価はどのように決定しているでしょうか。経験では単価テーブルを作って利用していました。それらは熱処理の種類ごとに簡単な表で、

- 焼なまし：縦に1ロットの個数、横に製品単重量をとり、kg当たりの単価を示す

表A.1　1個の重量当たり単価例

(円)

1ロット個数(M) \ 1個重量(W)	W<5	5≦W<10	10≦W<20
M<10	50	40	30
10≦M<20	40	30	20
20≦M<50	30	20	10
50≦M<100	20	10	

- 焼ならし、調質、焼入れ（低温焼戻し）も焼なましと同じ表形式で単価が異なる
- 高周波焼入れ、火炎焼入れ：全体一発焼入れと移動焼入れに分け、各表は製品1個当たりの重量ごとに単価を示す
- 浸炭焼入れ：縦に製品単重量、横に全硬化層深さをとり、表内は1個の製品kg当たりの単価を示す。

　おおまかにこれで充分でした。著者がいた熱処理工場は、組織が機械工場の部門に属していましたが、利益構造は独立採算制の形式をとっていて、総合原価計算を行っていましたから、単価を上げようと考えれば上げられないことはなかったのですが、外販も行っていたため市場の動向を調査しなければなりません。

　そのため、関東、関西、九州各地区の熱処理業の実態を調べ、とくに懇意にしていた熱処理設備メーカーの援助を受け、種々な情報を得て毎年新たな単価改定を行っていました。その結果、外販ではかなりの注文を受けて操業高の増加と利益計上に貢献していました。

　熱処理の賃単価の設定基準は原価です。市価は市場の動向によって左右されますが、各工場は歴史、設備の違い、工場立地、労働力の自給バランス、物価、熱処理対象品の違いなどさまざまな条件によって原価が異なります。だから各社の単価に差異が生じることは当然です。共通性は多くはありません。しかし、他社を知ることが自社内の努力に余地が出てくるから調査は不可欠です。

　自社の各熱処理で発生する原価は経費ごとに区分けして計上して細かく積み上げてみることは必要です。どうしても区分けできない、電力、ガス、水道、労務費、管理費、通信費など数えれば多くの勘定科目は出てきますが、できる限り客観性を持って計算してみてください。そうすればどこに欠陥があり、意外に賃単価と原価の乖離があらわになるはずです。

　私は入社して3年目に原価を洗いざらい調べて問題点を出しました。工場は地方都市に立地しているため労賃は安かったし労働供給力が多かったので、自動化や省力化に乏しいことが数字でも判明しました。感覚としては予想していましたから数字が出ると明確に設備の改編が急務であると結論を下し、毎年新しい設備購入の申請を続けました。新型の浸炭炉、MG式高周波焼入装置、窒化炉などの導入を完了した時期はオイルショック直前の誠にグッドタイミングでした。作業者は48名を一挙に15名に削減し、生産性は2倍に上げることができました。

索　引

◆英数◆
2次硬化 …………………………… 85
Cu ………………………………… 15
Hバンド …………………………… 30
Mn ………………………………… 15
P …………………………………… 15
Si ………………………………… 15

◆あ◆
アイゾット試験 …………………… 91
圧縮応力 ………………………… 136
網状セメンタイト ……………… 114
安全靴 ……………………………… 14
一端焼入法 ……………………… 29
一般機械構造用鋼 ……………… 17
一般機械構造用合金鋼 ………… 24
一般構造用圧延鋼 ……………… 16
インバータ式発生装置 ………… 132
液体浸炭 ………………………… 105
液体窒化 ………………………… 142
塩浴炉 …………………………… 39
応力除去焼なまし ……………… 46
オーステナイト …………………… 8
置き割れ ………………………… 161

◆か◆
火炎焼入れ ……………………… 128
ガス浸炭 ………………………… 105
ガス窒化 ………………………… 144
ガス炉 …………………………… 39
加熱コイル ……………………… 139
カラーチェック ………………… 118
完全焼なまし …………………… 44
ギャップ式高周波装置 ………… 131

球状化焼なまし ……… 47、115、149
強制空冷 ………………………… 122
キルド鋼 ………………………… 16
均質化焼なまし ………………… 50
金属間化合物 …………………… 18
金属顕微鏡 ……………………… 170
金属破断面 ……………………… 173
クェンチ ………………………… 60
高温焼戻し ………………… 23、81
合金 ……………………………… 18
合金鋼 …………………………… 28
鋼材 ……………………………… 32
高周波焼入れ ……………… 124、130
高周波炉 ………………………… 40
高深度焼入れ …………………… 142
高炭素鋼 ………………………… 23
固形浸炭 ………………………… 102
固溶体 …………………………… 18

◆さ◆
作業服 …………………………… 12
サブゼロ処理 ……………… 66、158
残留オーステナイト …………… 65
磁気探傷試験 …………………… 118
シャルピー試験 ………………… 91
重油炉 …………………………… 39
樹枝状晶 ………………………… 53
純鉄 ……………………………… 15
衝撃試験 ………………………… 91
焼結材 …………………………… 151
焼準 ……………………………… 51
ショットピーニング …………… 174
ショットブラスト ……………… 174
ジョミニ試験 ……………… 29、152

| 真空管式発生装置 ……………… 132
| 深冷処理 …………………………… 66
| 水靭処理 ………………………… 158
| 砂噛み …………………………… 119
| 石鹸水 …………………………… 110
| セメンタイト ………………… 18、47
| 繊維組織 ………………………… 51
| 全硬化深さ …………………… 133
| ソルバイト ……………………… 61

◆た◆
| 体心立方格子 …………………… 9
| 炭素当量 ………………………… 22
| 窒化 …………………………… 142
| 中温焼戻し ……………………… 81
| 中炭素鋼 ………………………… 23
| 鋳鉄 …………………………… 15
| 超音波探傷試験 ……………… 119
| 超高速加熱急速焼入法 ……… 142
| 調質 …………………………… 28
| 低温焼なまし …………………… 46
| 低温焼戻し ……………………… 81
| 低炭素鋼 ………………………… 21
| 滴注式浸炭炉 ………………… 111
| テストピース ………………… 115
| 電気炉 …………………………… 38
| 電動発電式発生装置 ………… 131
| 灯油炉 …………………………… 39
| トルースタイト ………………… 61

◆な◆
| 熱応力 …………………………… 96
| 熱電対 …………………………… 5

◆は◆
| パーライト ……………… 19、47、61

鋼 ……………………………… 15
ばね戻し ……………………… 81
引け巣 ……………………… 119
ヒステリシス損失 …………… 130
ビッカース硬さ ……………… 95
ピット炉 …………………… 111
引張試験 ……………………… 89
火花試験 ……………………… 36
火花発振式発生装置 ………… 131
ファン ………………………… 40
フェライト ………………… 8、47
部分焼入れ ………………… 128
ブリネル硬さ ………………… 95
ヘルメット …………………… 12
変成ガス …………………… 108
変態 …………………………… 8
変態応力 ……………… 97、136
炎焼入れ …………………… 128

◆ま◆
マルテンサイト … 20、48、61、120
面心立方格子 …………………… 9

◆や◆
焼入冷却曲線 ………………… 76
焼入性 ………………………… 28
焼割れ ……………………… 153
有効硬化深さ ……………… 133
誘導加熱 …………………… 130

◆ら◆
ラジアントチューブ ………… 110
リムド鋼 ……………………… 16
冷却剤 ………………………… 74
ロックウェル硬さ …………… 95
露点 ………………………… 108

あとがき

　本書は熱処理の現場で進める作業について実際に細かく行うべき事例を具体的に紹介しました。それぞれの内容は事例として参考にしていただき、別途、新たに独自の改良を加えられることを望みます。

　研究開発が進んで次々に新しい材料が実用化されています。たとえば高張力鋼は、この70余年間に引張強さが当初の3倍を超えた鋼種を汎用的に利用していますし、超延性を持つ塑性鋼も新しい用途を考えられています。超耐熱合金、高弾性合金、アモルファス材料、水素合金、制振合金、圧電合金、超硬質材料、形状記憶合金、超電導合金など、数えてもきりがないほど多彩です。

　これらの材料はその材料に最も適した熱処理が必要です。精密な機能を持てば持つほど熱処理工場は精度を上げるために、高度な技術、設備が必要になります。熱処理を行う熟練の作業者はもちろんですが、技術者は工場を運営するに際して完璧な管理が必要です。熱処理は作業の信頼性が根本的に求められるとしても管理上の良否がことの成り行きを決定しますから、心しなければなりません。

　自社内の管理にとどまらず絶えず社外の技術的な変化、新しい情報も仕入れることは必須で、関係者はできるだけ各種の研究会、見学会、講演会などに参加して自己啓発するとともに、社内に取り込んで咀嚼する習慣を持つことが総じて熱処理技術のレベルを押し上げる力になると思います。

　現在、中小企業の診断と分析、指導業務のほかに、技術士登録を活かして金属材料（熱処理や溶接など金属材料一般を含む）と機械（製造、組立など）に関してコンサルティングを行っています。そのため、地場の企業の技術屋さんや管理者の方々から種々の相談を受けます。熱処理に関することだけでなく、材料選択、製造や加工方法、工程上の注意点などの質問には、私自身気がつかない面もありますから、よい勉強になります。経験の範囲でご返事していますが、少しはお役に立っているようです。

　本書は細かく実際の経験から事例を紹介しましたが、ご参考にしていただきご担当部門の今後の応用や改善に取り組んでいただけたら幸いに思います。

2007年9月

著者

◎著者紹介◎

坂本　卓（さかもと　たかし）

1968年　熊本大学大学院修了
同年三井三池製作所入社、鍛造熱処理、機械加工、組立、鋳造の現場部門の課長を経て、東京工機小名浜工場長として出向。復帰後本店営業技術部長。
八代工業高等専門学校名誉教授
㈲服部エスエスティ取締役
ライブリー・アライブを興し代表

工学博士、技術士（金属部門）、中小企業診断士

著　書　『おもしろ話で理解する　金属材料入門』
　　　　『おもしろ話で理解する　機械工学入門』
　　　　『おもしろ話で理解する　製図学入門』
　　　　『おもしろ話で理解する　機械工作入門』
　　　　『おもしろ話で理解する　生産工学入門』
　　　　『トコトンやさしい　変速機の本』
　　　　『トコトンやさしい　熱処理の本』
　　　　『よくわかる　歯車のできるまで』
　　　　（以上、日刊工業新聞社）
　　　　『熱処理の現場事例』（新日本鋳鍛造協会）
　　　　『やっぱり木の家』（葦書房）

絵とき
熱処理の実務 ─作業の勘どころとトラブル対策─　NDC 566.3

2007年9月28日　初版1刷発行

（定価はカバーに表示してあります）

ⓒ　著　者　　坂本　卓
　　発行者　　千野　俊猛
　　発行所　　日刊工業新聞社
　　　　　　　〒103-8548　東京都中央区日本橋小網町14-1
　　電　話　　書籍編集部　03（5644）7490
　　　　　　　販売・管理部　03（5644）7410
　　Ｆ Ａ Ｘ　03（5644）7400
　　振替口座　00190-2-186076
　　Ｕ Ｒ Ｌ　http://www.nikkan.co.jp/pub
　　e-mail　　info@tky.nikkan.co.jp
　　印刷・製本　美研プリンティング㈱

落丁・乱丁本はお取り替えいたします。
2007 Printed in Japan
ISBN 978-4-526-05946-9　C 3053

Ⓡ〈日本複写権センター委託出版物〉
本書の無断複写は、著作権法上の例外を除き、禁じられています。
本書からの複写は、日本複写権センター（03-3401-2382）の許諾を得てください。